全国市长培训中心教材

# 城市规划决策概论

建设部城乡规划司 编

中国建筑工业出版社

图书在版编目（CIP）数据

城市规划决策概论/建设部城乡规划司编．—北京：中国建筑工业出版社，2003
全国市长培训中心教材
ISBN 7-112-05869-4

Ⅰ．城… Ⅱ．建… Ⅲ．城市规划-中国-干部培训-教材 Ⅳ．TU984.2

中国版本图书馆 CIP 数据核字（2003）第 044816 号

全国市长培训中心教材
## 城市规划决策概论
建设部城乡规划司　编

\*

中国建筑工业出版社出版、发行（北京西郊百万庄）
新 华 书 店 经 销
北京中科印刷有限公司印刷

\*

开本：787×1092 毫米　1/16　印张：11½　插页：2　字数：278 千字
2003 年 9 月第一版　2006 年 1 月第四次印刷
印数：5,201—6,400 册　定价：**29.00** 元
ISBN 7-112-05869-4
TU・5156（11508）

**版权所有　翻印必究**
如有印装质量问题，可寄本社退换
（邮政编码 100037）

本社网址：http://www.china-abp.com.cn
网上书店：http://www.china-building.com.cn

# 序　言

全国市长培训工作是全国干部培训工作的重要组成部分。在中央领导同志的关心和支持下，中共中央组织部、建设部和中国科学技术协会自1983年起，围绕城市规划，建设和管理，开展市长培训工作。迄今为止已举办了34期全国市长研究班和多期市长专题研究班，培训大中城市市长、副市长，直辖市区长、副区长以及其他城市领导干部近2000名，为提高市长的业务素质和领导水平、为推动我国城市现代化建设发挥了积极作用。

编写好市长培训教材是提高教学质量，搞好市长培训工作的重要环节。中共中央组织部和建设部对市长培训的教材建设十分重视，"九五"期间组织编写了全国市长培训系列教材（试用），包括《城市经济学》、《城市社会学》、《城市发展概论》、《现代城市规划概论》、《城市基础设施建设与管理》、《建筑业与建设监理》和《城市房地产业与住宅建设》等7本教材。这套教材在市长培训工作中发挥了很好的作用，受到市长们的欢迎。为了适应"十五"期间我国经济社会发展新形势下市长培训工作的需要，根据《2001—2005年全国干部教育培训规划》和《2001—2005年全国市长培训规划》的要求，全国市长培训工作领导小组责成全国市长培训中心组织力量对全国市长培训教材进行修改、补充和完善。

根据全国市长培训工作领导小组批准的教材修编方案，建设部城乡规划司组织修编了《城市规划决策概论》。参加市长培训教材修编的有关单位和人员按照修编方案的要求做了大量认真细致的工作，力争使教材能够反映我国城市规划、建设和管理工作以及相关学科的最新进展和信息，并根据干部教育的特点，努力做到理论与实践相结合，专业性和通俗性相结合，学术性与普及性相结合，不仅使教材能适应市长培训工作的需要，而且可以供各级城市领导干部学习参考。我们相信新编教材将对"十五"期间的市长培训工作发挥积极的作用。

由于城市规划、建设和管理工作的综合性和复杂性很强，加之教材修编的要求高、时间紧，不足之处在所难免。希望市长、学员和有关专家提出宝贵意见，以便我们今后进一步修改完善。

全国市长培训中心

2003 年 4 月

# 前　言

城市是现代人类居住的主要空间形式，是我国建设社会主义物质和精神文明的中心和主要载体。城市规划是城市政府引导和调控城市建设与发展的重要手段。党中央、国务院对城市规划工作高度重视，早在改革开放初期，《中共中央关于经济体制改革的决定》即指出"城市政府的主要职能是抓好城市规划、建设和管理"。近年来，党中央、国务院领导同志多次就城市规划工作做出重要指示，《国务院关于加强城乡规划监督管理的通知》（国发［2002］13号）再次强调"城乡规划工作是各级人民政府的重要职责。市长、县长要对城乡规划的实施负行政领导责任。""全国设市城市市长和分管城市建设工作的副市长，都应当分期、分批参加中组部、建设部和中国科协举办的市长研究班、专题班。"根据国务院的要求，鉴于市长研究班原来使用的城市规划辅助教材的许多内容已不适应形势的发展，为了进一步搞好市长研究班在城市规划方面的培训工作，帮助市长们更好地学习和掌握城市规划的基本理论和有关知识，明确新形势下城市规划工作的方向和任务，提高领导城市规划工作的能力和决策水平，我们组织编写了《城市规划决策概论》。

城市规划是根据一定时期城市经济社会发展目标和发展条件，对城市土地及空间资源利用、空间布局及各项建设做出的综合部署和统一安排，是城市建设、发展和管理的重要依据，在我国经济社会发展和现代化建设中具有重要的地位。我国的城市规划工作是建国后伴随着国民经济计划的实施和社会主义工业化建设的开展而创建的。半个世纪以来，我国的城市规划工作虽然经历了曲折的发展历程，但从总体上看，基本适应了各个历史阶段经济社会发展的要求，取得了显著的成绩，初步形成了适合我国国情的城市规划工作体系；特别是改革开放以来，随着向社会主义市场经济体制的转轨，城镇化进程的加快，政府职能的逐步转变，城市规划作为重要的政府职能的地位得以逐步确立，城市规划工作取得长足的进步。以1990年施行的《城市规划法》为核心的城市规划法规不断完善并初步形成体系，城市规划工作基本实现了有法可依；各个层次、各类城市规划编制、审批工作的广泛开展和逐步规范，为指导区域和城镇的建设和发展提供了科学依据；依据《城市规划法》建立的以"一书两证"为核心的城市规划管理制度的普遍施行，为规划的实施提供了有效的保证。城市规划对于城市建设与发展的引导和调控作用日益突出，对调整城市布局，协调各项建设，完善城市功能，改善人居环境和投资环境，促进经济发展和社会进步，做出了重要贡献；尤其要指出的是，各级政府，特别是城市政府的城市规划意识逐步增强，抓好城市规划、建设和管理的自觉性日益提高，城市规划的政府职能在实践中不断得到加强，这可以说是改革开放二十多年来城市规划工作最重要的成果。

由于种种原因，我国的城市规划工作还存在一些不容忽视的问题。城市规划法制还不健全，有法不依、执法不严、违法难究的现象相当普遍；规划实施缺乏有效的监督制约机制，违法建设屡禁不止；无视城市建设和发展的客观规律，随意违反经批准的城市规划，盲目出让土地和进行建设，浪费土地资源，破坏城市布局，危害城市环境，损害城市整体和社会公众利益的问题还比较严重。一些城市的领导同志置专家和公众意见于不顾，依仗权力对规划、设计和建设进行不恰当的干预，按主观意志盲目决策，导致严重损害城市景观、风貌和整体形象，破坏城市特色和历史文化环境，降低城市的文化品位等。造成上述问题的原因是多方面的，解决问题也必须多方面地采取措施。应当看到，不少地方领导同志出于对城市规划的重要性认识不足，规划意识不够强，法制观念淡薄，缺少有关知识，造成决策失当，是最重要的原因之一。

《中华人民共和国国民经济和社会发展第十个五年计划纲要》提出了21世纪初叶我国经济社会发展的目标和任务，明确指出要实施城镇化战略，促进城乡共同进步，要加强城镇规划、设计、建设及综合管理。城市规划在引导城镇化的有序发展，实现国民经济结构的战略性调整，促进经济社会健康发展，提高人民群众生活水平方面担负着重要的任务。搞好新形势下的城市规划工作，领导是关键。作为城市的市长，特别是主管规划建设的市长，要充分认识城市规划工作的重要性，进一步增强规划意识，强化规划的政府职能，加强和改善对城市规划工作的领导；而要做到这一点，就需要进一步了解和熟悉城市规划，不断增强城市规划决策能力。

城市规划是一门科学，城市规划工作是一项事关城市的整体发展和全局利益，具有很强的技术性、综合性和政策性的工作。城市规划工作的这种特性，决定了其对规划工作的从业人员及其组织领导者的素质有比较高的要求。市长领导和管理城市规划工作的过程，就是依据城镇化和城市发展的客观规律和有关政策，综合运用有关理论和知识，对城市规划建设的有关问题进行决策的过程。《城市规划决策概论》力求突出教材的针对性、系统性和可应用性，针对市长领导和组织城市规划工作所需的知识结构来建构教材的框架结构和基本内容，在国内外城市规划历史沿革和发展的大背景下，将有关理论方法与我国城市规划的实践紧密结合，比较系统和集中地介绍了城市发展与城市规划、现代城市规划的理论与实践、城市规划的制定与实施、城市规划的决策等方面的主要知识和有关法规和政策。希望这部教材能够对市长们掌握必要知识，增强规划意识，提升战略眼光，明确自身职责，拓展工作思路，提高决策水平，从而更好地领导和管理城市规划工作有所裨益和帮助。

编者

2003年4月

# 目 录

序言
前言

## 第一章 城市发展与城市规划

**第一节 城市的形成与发展** ········· 1
 一、城市形成的基础和动力机制 ········· 1
  (一) 人类劳动大分工与城市的出现 ········· 1
  (二) 工业化是城市发展的根本动力 ········· 1
  (三) 城市发展的动力机制 ········· 2
 二、不同历史阶段城镇发展的特点 ········· 4
  (一) 前工业社会的城镇发展 ········· 4
  (二) 工业社会的城镇发展 ········· 5
  (三) 后工业社会的城镇发展 ········· 6
 三、城镇未来的发展趋势 ········· 7
  (一) 知识经济与城市的科技创新环境 ········· 7
  (二) 经济全球化与城镇体系的结构重组 ········· 8
  (三) 信息化社会和城镇的空间结构变化 ········· 10

**第二节 城镇化与城市现代化** ········· 11
 一、城镇化的一般原理 ········· 11
  (一) 城镇化的基本概念 ········· 11
  (二) 城镇化的一般规律 ········· 12
  (三) 当代世界城镇化的动向 ········· 12
 二、我国城镇化发展进程 ········· 15
  (一) 我国城镇化过程的特点 ········· 15
  (二) 我国城镇化面临的形势 ········· 16
  (三) 我国城镇化进程存在的主要问题 ········· 17
  (四) 走有中国特色的城镇化道路 ········· 18
  (五) 坚持可持续发展战略,保证我国城市可持续发展 ········· 21
 三、正确认识城市现代化 ········· 23

（一）城镇化与现代化的关系……………………………………………… 24
　　（二）城镇现代化的主要目标……………………………………………… 25
　　（三）城镇现代化认识的若干问题………………………………………… 28
第三节　城市规划在城市发展中的地位与作用………………………………… 29
　一、城市规划的性质……………………………………………………………… 29
　　（一）城市规划与行政权力………………………………………………… 29
　　（二）城市规划行政与立法授权…………………………………………… 29
　二、城市规划与其他相关规划、相关部门的关系…………………………… 31
　　（一）城市规划与区域规划的关系………………………………………… 31
　　（二）城市规划与国民经济和社会发展计划的关系……………………… 32
　　（三）城市总体规划与土地利用总体规划的关系………………………… 32
　　（四）城市规划与城市生态环境、城市环境保护规划的关系…………… 33
　　（五）城市规划部门与其他相关部门的关系……………………………… 33
　三、城市规划的地位和作用……………………………………………………… 34
　　（一）城市规划的地位……………………………………………………… 34
　　（二）城市规划的作用……………………………………………………… 35

# 第二章　现代城市规划的理论与实践

第一节　现代城市规划科学的产生和发展历程………………………………… 37
　一、现代城市规划的形成和初期发展…………………………………………… 37
　二、1960年代以前的相关发展…………………………………………………… 39
　三、1960年代以后的发展………………………………………………………… 40
第二节　现代城市规划理论的基本框架………………………………………… 42
　一、现代城市发展的理论研究…………………………………………………… 43
　　（一）城市发展理论………………………………………………………… 43
　　（二）城市的分散发展和集中发展理论…………………………………… 45
　二、城市土地使用布局结构理论………………………………………………… 48
　　（一）同心圆理论…………………………………………………………… 48
　　（二）扇形理论……………………………………………………………… 48
　　（三）多核心理论…………………………………………………………… 49
第三节　现代城市规划的基本内容……………………………………………… 50
　一、城市发展战略………………………………………………………………… 50
　　（一）城市发展战略和城市建设发展战略的概念………………………… 50
　　（二）城市建设发展战略的背景研究……………………………………… 50
　　（三）城市建设发展战略与城市总体规划………………………………… 51

（四）城市远景规划 …………………………………………………………… 51
二、城市性质和城市规模 ……………………………………………………………… 51
　　　（一）城市的性质和类型 ………………………………………………………… 51
　　　（二）城市人口规模和用地规模 ………………………………………………… 53
三、城市布局和道路系统 ……………………………………………………………… 58
　　　（一）城市用地分类 ……………………………………………………………… 58
　　　（二）城市用地评定与城市用地现状分析 ……………………………………… 58
　　　（三）城市用地布局结构与形态 ………………………………………………… 58
　　　（四）城市道路系统 ……………………………………………………………… 59
四、城市环境保护和建设 ……………………………………………………………… 61
　　　（一）城市环境概述 ……………………………………………………………… 61
　　　（二）城市环境保护 ……………………………………………………………… 65
　　　（三）城市生态环境建设 ………………………………………………………… 67
五、合理利用城市土地和空间资源 …………………………………………………… 69
　　　（一）城市土地资源配置的空间经济规律 ……………………………………… 69
　　　（二）城市土地和空间资源配置的公共干预 …………………………………… 70
　　　（三）加强土地市场的宏观控制 ………………………………………………… 72
六、社区发展 …………………………………………………………………………… 73
七、城市更新和城市历史文化遗产的保护 …………………………………………… 74
　　　（一）城市历史文化遗产是城市发展的重要资源 ……………………………… 74
　　　（二）城市历史文化遗产保护的原则与目标 …………………………………… 75
　　　（三）中国历史文化遗产保护体系 ……………………………………………… 76
　　　（四）城市历史文化遗产保护的要素及其保护的方式 ………………………… 76
　　　（五）城市更新与城市历史文化遗产保护 ……………………………………… 78
八、基础设施建设和城市功能完善 …………………………………………………… 81
　　　（一）城市基础设施的定义与分类 ……………………………………………… 81
　　　（二）城市基础设施建设与城市功能的完善 …………………………………… 82
　　　（三）城市基础设施的综合配置 ………………………………………………… 83
九、城市特色与形象的塑造 …………………………………………………………… 85
　　　（一）保护城市的景观资源 ……………………………………………………… 85
　　　（二）加强城市设计，突出城市特色 …………………………………………… 85
第四节　我国城市规划事业的发展 …………………………………………………… 87
一、我国城市规划事业的发展历程和经验业绩 ……………………………………… 87
　　　（一）国民经济恢复时期（1949—1952年）——整治城市，迎接大
　　　　　　建设 ……………………………………………………………………… 87
　　　（二）第一个五年计划时期（1953—1957年）——创立城市规划

　　　　体制 ………………………………………………………………… 88
　　（三）"大跃进"和调整时期（1958—1965年）——城市规划大起
　　　　大落 ………………………………………………………………… 89
　　（四）"文化大革命"时期（1966—1976年）——城市规划工作遭
　　　　到严重破坏 ………………………………………………………… 91
　　（五）拨乱反正，改革开放时期（1977年—　）——城市规划恢
　　　　复重建与大发展 …………………………………………………… 92
　二、我国城市规划工作面临的形势和任务 …………………………………… 93
　　（一）当前我国城市规划工作面临的基本形势 …………………………… 93
　　（二）当前我国城市规划工作的任务 ……………………………………… 95

# 第三章　城市规划的制定与实施

**第一节　制定和实施城市规划的基本原则** ……………………………………… 101
　一、统筹兼顾，综合部署 ……………………………………………………… 101
　二、合理和节约利用土地与水资源 …………………………………………… 101
　三、保护和改善城市生态环境 ………………………………………………… 102
　四、协调城镇建设与区域发展的关系 ………………………………………… 102
　五、促进产业结构调整和城市功能的提高 …………………………………… 103
　六、正确引导小城镇和村庄的发展建设 ……………………………………… 103
　七、保护历史文化遗产 ………………………………………………………… 103
　八、加强风景名胜区的保护 …………………………………………………… 104
　九、塑造富有特色的城市形象 ………………………………………………… 104
　十、增强城市抵御各种灾害的能力 …………………………………………… 105
**第二节　城市规划的制定** ………………………………………………………… 105
　一、制定城市规划的目的和意义 ……………………………………………… 105
　　（一）城市规划是经济、社会和环境在城市空间上协调、可持续
　　　　发展的保障 ………………………………………………………… 105
　　（二）城市规划是城市政府进行宏观调控的重要手段 …………………… 105
　　（三）城市规划是城市政府制定城市发展、建设和管理相关政策
　　　　的基础 ……………………………………………………………… 106
　　（四）城市规划是城市政府建设和管理城市的基本依据 ………………… 106
　二、城市规划编制的任务和主要内容 ………………………………………… 106
　　（一）城镇体系规划编制的任务和主要内容 ……………………………… 107
　　（二）城市总体规划纲要编制的任务和主要内容 ………………………… 107
　　（三）城市总体规划编制的任务和主要内容 ……………………………… 108

　　　　（四）分区规划编制的任务和主要内容 …………………………………… 109
　　　　（五）详细规划编制的任务和主要内容 …………………………………… 109
　　　　（六）历史文化名城保护规划编制的任务、原则和主要内容 ………… 110
　　三、城市规划的组织编制与审批 …………………………………………………… 111
　　　　（一）城市规划组织编制 …………………………………………………… 111
　　　　（二）城市规划的审批 ……………………………………………………… 111
　　四、对改进城市规划编制工作的建议 …………………………………………… 111
　　　　（一）加强区域城镇体系规划的调控作用 ……………………………… 111
　　　　（二）精简城市总体规划编制的内容 …………………………………… 112
　　　　（三）提高详细规划的法律地位 ………………………………………… 112

第三节　城市规划的实施 …………………………………………………………………… 113
　　一、城市规划实施的意义 ………………………………………………………… 113
　　二、城市规划实施的特点 ………………………………………………………… 113
　　　　（一）战略性 ………………………………………………………………… 113
　　　　（二）科学性 ………………………………………………………………… 113
　　　　（三）综合性 ………………………………………………………………… 114
　　　　（四）长期性 ………………………………………………………………… 114
　　三、城市规划实施的影响因素 …………………………………………………… 115
　　　　（一）政治因素 ……………………………………………………………… 115
　　　　（二）经济因素 ……………………………………………………………… 115
　　　　（三）社会因素 ……………………………………………………………… 115
　　　　（四）科技进步因素 ………………………………………………………… 116
　　四、城市规划实施应处理好几个关系 …………………………………………… 116
　　　　（一）城市规划的严肃性与实施环境的复杂性和多变性的关系 …… 116
　　　　（二）近期建设和远期发展的关系 ……………………………………… 116
　　　　（三）公共利益和局部利益的关系 ……………………………………… 117
　　　　（四）促进经济发展与保护历史文化遗产的关系 ……………………… 117

第四节　城市规划实施管理 ………………………………………………………………… 118
　　一、城市规划实施管理的概念 …………………………………………………… 118
　　二、城市规划实施管理的行政原则 ……………………………………………… 119
　　　　（一）合法性原则 …………………………………………………………… 119
　　　　（二）合理性原则 …………………………………………………………… 119
　　　　（三）效率性原则 …………………………………………………………… 119
　　　　（四）集中统一管理的原则 ………………………………………………… 120
　　　　（五）政务公开的原则 ……………………………………………………… 120
　　三、城市规划实施管理的基本任务 ……………………………………………… 120

（一）保障城市规划、建设法律规范和方针政策的施行 ………… 120
　　（二）保障城市综合功能的发挥，促进经济、社会和环境的协调、
　　　　可持续发展 ……………………………………………………… 121
　　（三）保障城市各项建设纳入城市规划的轨道，促进城市规划
　　　　的实施 …………………………………………………………… 121
　四、城市规划实施管理的基本制度 ……………………………………… 121
　　（一）建设项目选址意见书 ………………………………………… 121
　　（二）建设用地规划许可证 ………………………………………… 122
　　（三）建设工程规划许可证 ………………………………………… 122
　　（四）建设行为规划监察 …………………………………………… 122
　五、城市规划实施管理的主要内容 ……………………………………… 123
　　（一）建设项目选址规划管理 ……………………………………… 123
　　（二）建设用地规划管理 …………………………………………… 124
　　（三）建设工程规划管理 …………………………………………… 126
　　（四）历史文化遗产保护规划管理 ………………………………… 130
　　（五）城市规划实施的监督检查 …………………………………… 131
　六、城市规划实施管理的基本属性 ……………………………………… 132
第五节　城市规划法制化 ……………………………………………………… 135
　一、城市规划法制化的概念和内涵 ……………………………………… 135
　　（一）建立和完善城市规划法规体系 ……………………………… 135
　　（二）城市规划的制定与实施必须坚持依法行政 ………………… 136
　　（三）提高全社会城市规划法律意识 ……………………………… 136
　二、城市规划法制化的意义 ……………………………………………… 136
　　（一）维护城市发展和建设的整体利益和长远利益 ……………… 136
　　（二）保护公民、法人和社会团体的合法权益 …………………… 136
　　（三）规范各级政府组织编制、审批、实施城市规划的权利和
　　　　义务 ……………………………………………………………… 137
　　（四）推进城市规划工作的民主化和科学化 ……………………… 137
　三、我国现行城市规划法规体系 ………………………………………… 137
　　（一）我国现行城市规划法规体系构成 …………………………… 137
　　（二）我国现行城市规划主要法律规范文件 ……………………… 140

# 第四章　城市规划的决策

第一节　城市规划决策概述 …………………………………………………… 144
　一、决策的概念 …………………………………………………………… 144

二、城市规划决策的性质 …………………………………………………… 144
　　　　（一）层次性 ……………………………………………………………… 144
　　　　（二）综合性（相关性） ………………………………………………… 145
　　　　（三）连续性 ……………………………………………………………… 145
　　　　（四）政策性 ……………………………………………………………… 146
　　　　（五）技术性 ……………………………………………………………… 146
第二节　城市规划宏观决策的主要内容 …………………………………………… 146
　　一、城市发展目标 …………………………………………………………… 146
　　　　（一）可行性原则 ………………………………………………………… 147
　　　　（二）阶段性原则 ………………………………………………………… 147
　　二、城市发展战略 …………………………………………………………… 148
　　　　（一）城市发展战略的概念与内涵 ……………………………………… 148
　　　　（二）城市发展战略的重点 ……………………………………………… 148
　　三、城市规划地方性法律规范和方针政策的决策 ………………………… 149
　　　　（一）加强城市规划法制建设 …………………………………………… 149
　　　　（二）制定实施城市规划的相关政策 …………………………………… 150
　　四、城市土地开发和重大建设项目的审定 ………………………………… 151
　　　　（一）土地开发和建设项目的安排应当与城市规划的要求相符合 … 151
　　　　（二）土地开发和建设项目应注意合理的建设时序 …………………… 151
　　五、组织制定和实施城市规划中的其他决策问题 ………………………… 152
　　　　（一）组织制定城市规划方面的决策问题 ……………………………… 152
　　　　（二）组织实施城市规划方面的决策问题 ……………………………… 152
第三节　城市规划决策与城市政府行政 …………………………………………… 153
　　一、城市政府（领导者）主要抓好城市规划宏观决策 …………………… 153
　　　　（一）城市人民政府的职责所决定 ……………………………………… 153
　　　　（二）城市规划宏观决策的特点所决定 ………………………………… 154
　　　　（三）城市规划宏观决策的程序所决定 ………………………………… 154
　　二、城市政府（领导者）在城市规划决策方面存在的主要问题 ……… 154
　　　　（一）抓宏观决策不够，抓微观决策过多 ……………………………… 154
　　　　（二）规划意识和法制观念不强，决策随意性大 ……………………… 155
　　　　（三）追求短期效益，忽视城市的全局利益和长远发展 ……………… 155
　　三、城市领导者正确进行城市规划决策应具备的基本素质 ……………… 155
　　　　（一）城市领导者对城市规划决策的认识 ……………………………… 155
　　　　（二）城市领导者在城市规划决策中必须树立的观念 ………………… 157
第四节　提高城市规划决策水平 …………………………………………………… 159
　　一、城市规划决策的科学化 ………………………………………………… 159

（一）掌握城市发展的客观规律，尊重城市规划科学 …………… 159
　　（二）明确决策科学化的标准 …………………………………… 159
　　（三）优化决策结构 ……………………………………………… 160
　　（四）加强城市规划研究工作，为政府科学决策提供必要的
　　　　　技术储备 …………………………………………………… 161
　二、规划决策的民主化 ……………………………………………… 162
　　（一）规划决策民主化的目的、意义 …………………………… 162
　　（二）推进公众参与制度 ………………………………………… 162
　　（三）分层次决策，发挥职能部门的作用 ……………………… 163
　三、规划决策的法制化 ……………………………………………… 163
　　（一）决策必须符合法律确定的原则和具体规定 ……………… 164
　　（二）政府规划决策必须建立有效的监督制约机制 …………… 164
**参考文献** ……………………………………………………………… 165
**后　　记** ……………………………………………………………… 166
**本书编写人员名单** …………………………………………………… 167
**附图：**
　　一、控制性详细规划
　　二、江苏省城镇体系规划-等级规模
　　三、江苏省城镇体系规划-空间组织
　　四、海南省三亚市城市总体规划
　　五、江汉大学新校修建性详细规划

# 第一章 城市发展与城市规划

## 第一节 城市的形成与发展

### 一、城市形成的基础和动力机制

（一）人类劳动大分工与城市的出现

城市发展是人类文明史的重要组成部分，最早的城市是人类劳动大分工的产物。在原始社会的漫长岁月中，人类过着完全依附于自然的狩猎与采集生活。随着以农业和牧业为标志的第一次人类劳动大分工，逐渐产生了固定的居民点。当农牧业生产力的提高产生了剩余产品，商业和手工业从农牧业中分离出来，商业和手工业的聚集地就形成了城市。所以，最早的城市是人类社会第二次劳动大分工的产物，出现在从原始社会向奴隶社会的过渡时期。在人类文明的各个发祥地，尽管城市产生的年代有先有后，但城市发展的历史过程都是相同的。

根据考古发现，人类历史上最早的城市出现在公元前 3000 年左右。在 5000 多年的文明史中，人类社会经历了漫长的农业经济时代，工业经济时代只有近 300 年的历史。在农业社会历史中，尽管出现过规模相当可观的城市。（人口都达到了 100 万左右如我国的唐长安城和西方的方罗马城），并在城市建设方面留下了十分宝贵的人类文化遗产，但农业社会的生产力低下，且提高缓慢，决定了农业社会的城市发展缓慢，城市数量和规模都是极其有限的。对于我国古代城市的历史研究表明，封建社会的重要城市都是具有政治统治作用的都城和州府城市，只是到了封建社会后期的明清时代，在一些交通便利的城市形成了较具规模的商业和手工业。西方研究成果也同样证实了农业社会的城市发展是非常缓慢的。在 1600 年，只有 1.6% 的欧洲人口生活在 10 万以上人口规模的城市，到 1700 年和 1800 年，相应的数字仅上升到 1.9% 和 2.2%。

（二）工业化是城市发展的根本动力

人类社会的城镇化进程是与工业化进程紧密相关的。从 18 世纪的后半叶开始，人类经历了从农业经济向工业经济，从封建社会向资本主义社会的演进过程。工业化带来生产力的空前提高，不仅促进了原有城镇的扩展，而且导致新兴城市的涌现。城市逐渐成为人类社会的主要聚落形式。

工业化对于城镇化的促进作用表现在两个方面：

一方面是"农村的推力"。工业技术使农业生产力得到空前提高，不仅满足了日益增长的人类基本需求，而且导致越来越多的农业剩余劳动力。以西方国家为例，美国的农业人口比重从1880年的44%下降到1964年的6.8%。我国的农业剩余劳动力，国家统计局《1996年中国发展报告》估计为1亿人左右，国家计划委员会的《1996年中国人口、资源和环境报告》估计为1.5~1.8亿人。

另一方面是"城镇的引力"。工业的兴起为庞大的农业剩余劳动力提供了就业机会，工业的就业规模逐渐超过了农业。城市所具有的规模效益和聚集效益使之成为工业经济所必须依赖的物质载体，因而也就成为工业社会的人类聚居地的主要形式。

以工业革命的发源地英国为例，工业革命的初始时期并没有对城市发展形成显著影响，直到18世纪末和19世纪初，煤为工业的主要能源，铁路替代河道成为运输的主要方式，工业生产所依赖的能源和交通条件发生了根本性变革，为工业的大规模集聚提供了条件，同时也开创了城市发展的新纪元。如英格兰和威尔士在1801年只有10%的人口生活在10万人口以上的城市，在40年后翻了一番，再过60年又翻了一番；到1900年，英国已是一个城镇化社会。在我国，工业化同样促进了城市化的进程。1978—2000年期间，设市城市数量从193个增加到663个，建制镇数量从2173个增加到21219个，城镇化水平从17.9%提高到36.1%。

综上所述，建立在工业化基础上的经济发展是现代城镇形成的根本动因。工业化不仅极大地提高农业生产力，导致农业剩余劳动力大量产生，同时又在城镇中不断地创造第二产业和第三产业的就业岗位，导致人口从农村向城镇的大规模迁移，从而，不仅推动了既有城镇的扩展，还形成了一批又一批的新兴城镇。尽管其他因素也许会使城镇化进程出现波动，但无法改变工业化导致城镇化和城镇化促进工业化的基本趋势。2000年，全世界人口中已有50%左右生活在城镇地区，21世纪全球城镇化还将进一步提高。

（三）城市发展的动力机制

任何城市的发展必须具有动力机制。这种动力机制指的是在一定时期内，能促进城市社会经济发展，提升该城市在区域城镇体系中的地位和作用的各种因素的总和。城市发展的动力机制会因不同城市和城市发展的不同阶段而异，而且对于一个城市来说，这种动力机制会随着社会生产力的发展和城市的演进而变化。

有关城市发展动力机制的理论主要介绍城市经济基础理论和增长极核

理论。

1. 城市发展动力与基本经济部类——城市经济基础理论

根据城市经济基础理论，城市经济可分为基本的和从属（或非基本）的两种部类。基本经济部类是为了满足来自城市外部的产品和服务需求，即以"出口"为主的经济活动；从属经济部类则是为了满足城市内部的产品或服务需求。

通过基本经济部类输出产品和服务，城市从外部不断地获得收入，才有可能产生城市自身对于产品和服务的需求，其中的一部分将由城市自身来提供，于是就促进了从属经济部类。因此，基本经济部类是城市发展的重要动力。

基本经济部类的就业人数增加，将会带动从属经济部类的就业人数增加，总就业人数的增加又会带动城市总人口的增加，而总人口的增加又会产生新的物质和服务需求，由此又促进了从属经济部类的发展，形成一个循环和累积的反复过程，被称为基本经济部类的乘数效应，即基本经济部类对于整个城市经济的带动能力。

城市产业的基本部类和非基本部类之间存在一种比例关系，通常用就业人数的比例来表示。研究表明，大城市基本部类的乘数效应要高于小城镇，也就是说大城市的基本部类所提供的产品或服务的附加值要高于小城镇。

城市发展过程包括几个阶段：第一阶段是专门化，城市发展最初依赖某个或某些具有出口能力的企业；第二阶段是综合化，出口专门化的企业具有联动作用，产生"上游"和"下游"企业，形成出口综合体；第三阶段是成熟化，基本经济部类带动非基本经济部类，形成完整的城市经济体系；第四阶段是区域化，有些城市发展成为区域性中心城市，但并不是所有的城市都会自然而然地成为中心城市，在区域性或全球性竞争中，只有少数城市能够成功地占据主导地位。

尽管各个城镇发展所面临的外部机遇和内部资源的特征是不同的，但对于发展机制有两种基本解说，分别是规模经济和集聚经济。规模经济指随着一个经济部类的规模扩大，产品和服务的供给单位成本就会下降，因而市场竞争能力就会增加。集聚经济指城镇产业之间往往具有关联性和互动性，一个部类的发展对于其他部类具有联动作用，导致不同经济部类的集聚。

城市产业的基本部类和非基本部类总是处于演化之中，受到城镇内部的发展基础和城镇外部的发展机遇的影响。一般来说，城镇产业的基本部类越是多样化，对于外部环境影响的抗衡能力也越强，城市经济发展也就较为平稳。根据城市经济基础理论得出：如果一个城镇的基本经济部类属于正在增长的产业，那么该城镇就具有一定的发展潜力；如果一个城镇的基本经济部类不仅是增长型的,而且是多样化的,那么该城镇的发展前景将更加可观。

2. 城市发展动力与区域经济——增长极核理论

实践表明,区域中的各个城镇发展并不是均衡的,有些城镇逐渐占据主导地位,而其他城镇受主导城市的竞争则始终处于从属地位。根据增长极核理论,区域经济发展总是首先集中在一些条件较为优越的城镇。由于规模经济和聚集经济的效应,这些城镇逐渐成为区域的中心城市。但是,随着中心城市发展到一定规模,地价上涨、交通拥挤、劳工短缺和环境恶化等阻力因素将越来越多,其发展初期的比较优势逐渐丧失,而其他城镇的比较优势越来越显著。这些城市的资本和技术开始向区域内的其他城镇扩散,形成所谓的"辐射"作用或"滴漏"作用,带动区域内的其他城镇发展,使区域经济趋于均衡。正是在这种意义上,这些城市被认为是区域的增长极核。

增长极核理论曾被广泛地应用于区域发展政策。尤其是对于经济欠发达的地区和国家而言,有限的资源应该集中在发展条件较好的城市作为增长极核,由此带动整个区域的发展,使区域经济最终能够趋于均衡。因此,培植一个区域的增长极核,是推动区域发展的有效策略之一。

## 二、不同历史阶段城镇发展的特点

美国社会学家贝尔将人类社会演进划分为前工业社会、工业社会和后工业社会三个历史阶段,分别以第一产业、第二产业和第三产业为主导。研究表明,西方发达国家已经进入后工业社会的成熟时期,许多第三世界国家仍处于工业社会的初级时期。在各个历史阶段,由于经济结构的演化和交通、通讯技术的发展,城镇发展呈现出不同的特点。

### (一) 前工业社会的城镇发展

在前工业社会,由于落后的农业生产力和原始的交通、通讯技术,城市发展在数量上和规模上都是极其有限的,城镇的主要作用是政治中心而不是经济中心。我国封建社会的城市特别是各个朝代的都城,遵循《周礼·考工记》的城市形制所体现的社会等级和宗法礼制(见图1-1-1),显示了封建帝王的至高无上,唐长安城和明清北京城及其中轴线对称格局(见图1-1-2)是典型代表。在欧洲,古罗马时代的城市

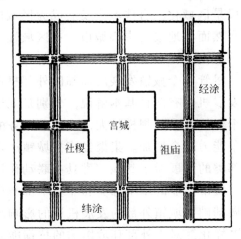

图1-1-1 周王城复原想像图

成为帝王宣扬功绩的工具，中世纪的城市则表现出教会势力的强大，教堂占据了城镇的中心位置，庞大的体量和高耸的尖塔成为城镇空间布局和天际轮廓的主导元素。

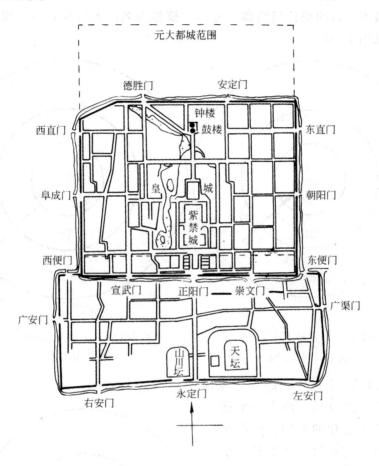

图 1-1-2　明清北京城平面图

（二）工业社会的城镇发展

从18世纪后半叶开始的工业化进程开创了城镇发展的新纪元。在工业化初期，人口从农村向城镇大规模迁移，是城镇人口分布的"绝对集中"时期（见图1-1-3）。

以伦敦为例，城市人口从1801年的100万增加到1844年的250万，城镇人口密度显著提高，城区范围只是从2英里（约3.2公里）半径扩展到近3英里（约4.8公里）半径，因为1860年以前的英国城市交通仍以步行为主。

1860年后，英国城市开始发展公共交通，从公共马车到公共电车和公共汽车。1910年，伦敦人口猛增到650万，成为当时欧洲乃至世界最大的城市。

随着工业化进入成熟期，在人口继续向城市集中的同时，开始向郊区扩展，但城市人口的增长仍然高于郊区，被称为城市人口分布的"相对集中"时期（见图1-1-4）。

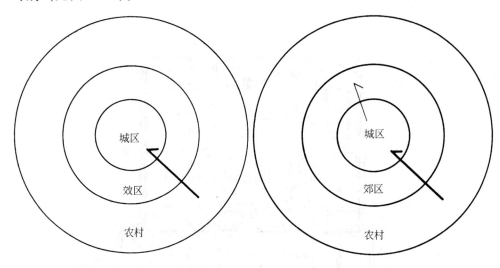

图1-1-3　工业社会城市人口绝对集中时期

图1-1-4　工业社会城市人口相对集中时期

（三）后工业社会的城镇发展

二次大战以后，西方国家逐渐进入后工业化的初期，经济结构中的第三产业比重开始超过第二产业，郊区的人口增长速度超过了城区的人口增长速度，被称为城市人口分布的"相对分散"时期（见图1-1-5）。

以美国为例，1956—1972年期间的州际高速公路建设计划推动了郊区化进程，1970年的郊区人口超过了城区人口。

当后工业社会进入成熟期，第三产业的主导地位越来越显著，从农村向城镇的人口迁移已经消

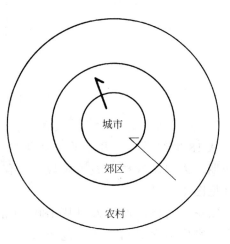

图1-1-5　后工业社会城市人口相对分散时期

失,取而代之的是区域内部从城区到郊区的人口迁移,导致城区人口的下降和郊区人口的上升,被称为城市人口分布的"绝对分散"时期(见图1-1-6)。根据西方发达国家的经验,城镇化水平达到75%~80%以后,城镇化进程趋于稳定,但产业和人口的空间分布趋于分散。

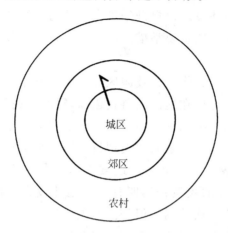

图1-1-6 后工业社会城市人口绝对分散时期

如今,郊区化已经使一些大城市形成连绵的巨型城市发展带,如美国的芝加哥—匹兹堡和日本的东京—大阪等巨型城市发展带,对于世界经济发展具有举足轻重的影响。

### 三、城镇未来的发展趋势

在21世纪,城镇未来发展所面临的全球性议题得到普遍的关注,其中尤为突出的是知识经济、经济全球化和信息化社会。

（一）知识经济与城市的科技创新环境

自从工业革命以来,科学技术对于经济发展的推动作用是始终存在的,但其主导地位近年来越来越显著。经济合作与发展组织（OECD）的《1996年度科学、技术和产业展望》提出"以知识为基础的经济"概念,其定义是"知识经济直接以生产、分配和利用知识与信息为基础"。

"经济合作与发展组织"认为,知识经济具有四个主要特点:

①科技创新:在工业经济时代,原料和设备等物质要素是发展资源;在知识经济时代,科技创新成为最重要的发展资源,被称为无形资产。

②信息技术:信息技术使知识能够被转化为数码信息而以极其有限的成本广为传播。

③服务产业:在从工业经济向知识经济演进的同时,产业结构经历着从制造业为主向服务业为主的转型,因为生产性服务业是知识密集型产业。在发达国家,生产性服务业占国内生产总值的比重已经超过50%,生产性服

务业在世界贸易中的比重从1970年的1/4上升到1990年的1/3。

④人力素质：在知识经济时代，人的智力取代人的体力成为真正意义上的发展资源，因而教育是国家发展的基础所在。

由于科学技术对于经济发展的主导作用日益显著，现代城市都在积极营造有利于科技创新的环境，以提升经济竞争能力。高科技园区逐渐成为城市营造科技创新环境的一项重要举措，因而高科技园区规划越来越显示其重要性。

西方学者的一项研究将高科技园区分为四种基本类型：第一种类型是高科技企业的聚集区，与所在地区的科技创新环境紧密相关，如大学所提供的科技创新环境为基础；第二种类型完全是科学研究中心，与制造业并无直接的地域联系，往往是政府计划的建设项目；第三种类型称为技术园区，作为政府的经济发展策略，在一个特定地域内提供各种优越条件（包括优惠政策），吸引高科技企业的投资；第四种类型是建设完整的科技城市，作为区域发展和产业布局的一项计划。但是，这项研究认为，尽管各种高科技园区层出不穷，而且也产生了显著的影响，当今世界的科技创新的主要来源仍然是发达国家的国际性大都市，如伦敦、巴黎和东京，因为它们具有最能够孕育科技创新的土壤。

总之，知识经济将催生各种高科技园区，它将是未来城市的重要组成部分，而其中大的中心城市仍然是科技创新最重要的基地。

我国先后建立了53个国家级高新技术产业开发区。一般来说，在经济较为发达的大都市地区（如北京和上海），高新技术产业园区的发展较为成功（如北京的中关村和上海的漕河径），因为科技创新的环境比较成熟（包括实力雄厚的高等院校、科研机构和跨国公司的研发中心）。但是，我国的大部分高新技术产业园区都是以吸引跨国公司的投资为主，即使最终产品是高科技的，研究、开发层面仍然留在发达国家，我国的高新技术产业园区只是制造、装配基地。尽管如此，高新技术产业园区对于我国的高科技产业发展起了积极作用，多数园区的经济增长水平也远远高于所在城市或地区的整体水平。

(二) 经济全球化与城镇体系的结构重组

经济全球化是指各国之间在经济上越来越相互依存，各种发展资源（如信息、技术、资金和人力）的跨国流动规模越来越扩大。经济全球化表现出几个基本特征：

①跨国公司在世界经济中的主导地位越来越突出，管理·控制—研究·开发—生产·装配三个基本层面的空间配置已经不再受到国界的局限。

②各国的经济体系越来越开放，国际贸易额占各国生产总值的比重逐年

上升，关税壁垒正在逐步瓦解之中。

③各种发展资源（如信息、技术、资金和人力）的跨国流动规模不断扩大。

④信息、通讯和交通的技术革命使资源跨国流动的成本日益降低，为经济全球化提供了强有力的技术支撑。国际互联网和各国信息高速公路的形成，使电子商务趋于普及，在生产性服务领域带来一场全球化革命。

在经济全球化进程中，随着经济空间结构重组，城镇体系也发生了结构性变化，从以经济活动的部类为特征的水平结构到以经济活动的层面为特征的垂直结构。传统城镇体系结构的特征是水平的。工业经济时代的城市产业结构都是建立在制造业的基础上，只是每个城镇的主导部类不同，这就是所谓的"钢铁城"、"纺织城"或"汽车城"等，因为每个产业的管理·控制、研究·开发和制造·装配三个层面往往集中在同一城镇，城镇间依赖程度相对较小。因而，城镇之间的经济活动差异在于部类不同而不是层面不同，这就是城镇体系的水平结构。在经济全球化进程中，管理·控制、研究·开发和制造·装配三个层面的聚集向不同的城镇分化，经济空间结构重组表现为制造·装配层面的空间扩散和管理·控制层面的空间集聚，城市间依赖程度较大。试举一个简单的例子加以说明：春兰集团是我国的知名大企业，曾将管理·控制、研究·开发和制造·装配三个层面都集中在江苏省泰州市；随着企业的成功发展，2000年的职工和资产规模分别达到1万余人和120亿元，春兰集团决定将决策中心迁往上海，而生产基地则仍然留在泰州。可见，作为经济中心城市的上海正在聚集越来越多的公司总部，而一些城市则成为制造·装配基地。

经济全球化进程中，资本和劳动力全球流动，产业的全球迁移，经济活动和管理中心的全球性集聚，生产的低层次扩散，使经济体系从水平结构转变为垂直结构，从而导致城镇体系的两极分化现象。在这个城镇体系的顶部，是少数城市对于全球或区域经济起着管理·控制作用，末端是作为制造·装配基地的一大批城镇。

根据对纽约、伦敦、东京、香港和新加坡等城市的研究，归纳了经济中心城市的基本特点：

①作为跨国公司的（全球性或区域性）总部的集中地，因而是全球或区域经济的管理·控制中心；

②这些城市往往是金融中心，增强了经济中心的作用；

③这些城市还具有高度发达的生产性服务业（如房地产、法律、财务、信息、广告和技术咨询等），以满足跨国公司的服务需求；

④生产性服务业是知识密集型产业，这些城市因而成为知识创新的基地

和市场；

⑤作为经济、金融和商务中心，这些城市还必然是信息、通讯和交通设施的枢纽，以满足各种"资源流"（如信息和资金）在全球或区域网络中的配置，为经济中心提供强有力的技术支撑。例如，纽约、伦敦和东京作为全球影响最大的经济中心城市（称为"全球城市"），是相当数量的世界最大跨国公司、银行和证券公司的总部所在地（见表1-1-1）。

纽约、伦敦和东京的跨国公司、银行和证券公司　　　　表1-1-1

| 城市<br>分类 | 纽约 | 伦敦 | 东京 | 合计 |
|---|---|---|---|---|
| 世界前500家跨国公司（1984年） | 59 | 37 | 34 | 130 |
| 世界前100家银行（1985年） | 30 | 12 | 5 | 47 |
| 世界前25家证券公司（1988年） | 8 | 12 | 4 | 24 |

资料来源：S.Sassen（1991）The Global City Princeton University Press. Princeton, New Jersey

另一方面的研究表明，随着制造业的标准化和大规模生产部分从发达国家转移到新兴工业化国家和发展中国家，这些国家的城镇作为跨国公司的制造·装配基地得到迅速发展，受跨国资本的影响，城镇经济的国际化程度显著提升。

（三）信息化社会和城镇的空间结构变化

如果说18世纪蒸汽机使得家庭作为生产单位而被解体的话，那么1946年计算机的问世，则引发了一场更迅猛的信息革命。人类的知识能够被编码成为信息，并分解为信息单位（比特），以极快的速度、极低的成本和极大的容量进行存储和传递。知识传播的信息化大大缩短了从知识产生到知识应用的周期，促进了知识对经济发展的主导作用，正是因为信息化对于经济社会发展的推动作用，现代社会被称为"信息社会"。

信息革命仅半个世纪，电脑网络已覆盖了全球。电子货币、电子图像、信息高速公路相继出现，人们可以以信息产业为基础，实现远程工作。总之信息革命深刻地改变着人类社会结构和生活方式。例如工业革命使人们离开家庭集中就业，信息革命则使人们重新回到家庭工作；工业革命使人们向城镇集聚而疏远大自然，信息革命则使人们居住和工作空间扩散并亲近大自然；工业革命使人们在郊外居住到市中心工作，信息革命则使人们在郊外工作而到市中心娱乐、消费、社交等。与此同时，必然引起城市空间结构、空间形态的创造更新。

## 第二节 城镇化与城市现代化

### 一、城镇化的一般原理

18世纪产业革命以后，城镇化成为全球社会发展的重要方面。探索城镇化的普遍规律，预测其发展前景，对确定适合我国国情的城镇化道路，制定相应的城镇发展战略具有重要的意义。

（一）城镇化的基本概念

1. 城镇化的含义

概括他说，人类生产和生活方式由乡村型向城镇型转化的过程，表现为乡村人口向城镇人口转化以及城镇不断发展和完善的过程，称之为城镇化。

各学科理解和认识城镇化过程的着眼点不同。

社会学家认为，城镇化是一个城镇型生活方式的发展过程，是新的社会结构的形成过程。它意味着人们不断被纳入城镇的生活组织中去，传统的宗氏、血缘关系被现代的社区关系取代。

人口学家认为，城镇化就是人口向城镇集中的过程，是人口分布结构的变化过程。这种过程可能有两种方式，一是人口集中场所即城镇数量的扩大，二是每个城镇地区人口数量的不断增加。

从经济学的角度来看，城镇化是产业结构转化的过程。由于经济专业化和技术的进步，人们离开农业经济向非农业经济转移。

从地理学的角度来看，城镇化是人口和经济活动的空间分布结构的转变过程。这一过程包括农业地区甚至未开发地区形成新的城镇和已有城镇向外围的扩展。

综上所述，说明城镇化的含义是十分丰富的，它是农业人口转化为非农业人口，农村地域转化为城镇地域，农业产业转化为非农产业，以及社区结构和空间形态转化的过程，也是城市文化和生活方式在农村的扩散过程。

城镇化还应包含原有市区的重组，基础设施的现代化，传统文化的继承和发展，环境的改善等。

2. 城镇化水平的度量指标

由于城镇化是非常复杂的社会现象，对城镇化水平的完全量化难度很大。但目前能被普遍接受的是人口统计学指标，也就是一定地域内城镇人口占总人口比重的指标。它的实质是反映了人口在城乡之间的空间分布，具有很高的实用性。由于不同国家对城镇人口规模标准设定不同，往往缺乏可比性。同时，用人口统计去衡量城镇化水平，不能完全代表一个国家或地区的经济社会发展水平，因此，热衷于把城镇人口数量的增加作为发展目标是不可取的。

(二) 城镇化的一般规律

城镇化作为世界性现象，其过程有着一般性的规律。美国城市地理学家诺瑟姆（Ray M. Northam）1979年研究了世界各国城镇化过程所经历的轨迹后，把一个国家和地区城镇化的变化过程概括为一条稍被拉平的S形曲线（图1-2-1），即著名的逻杰斯谛曲线（Logistic Curve），并将城镇化过程分成3个阶段，即城镇化水平较低、发展较慢的初期阶段；人口向城镇迅速集聚的中期加速阶段，以及进入高度城镇化以后，城市人口比重的增加又趋缓慢，甚至停滞的后期阶段。

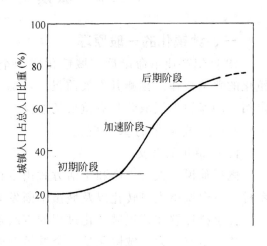

图1-2-1　城镇化过程曲线

初期阶段（城镇人口占总人口比重在30%以下）：这一阶段农村人口占绝对优势，工农业生产力水平较低，工业提供的就业机会有限，农业剩余劳动力释放缓慢。因此，要经过几十年甚至上百年的时间，城镇人口比重才能提高到30%。

加速阶段（城镇人口占总人口比重在30%～70%之间）：这一阶段由于工业基础已比较雄厚，经济实力明显增强，农业劳动生产率大大提高，工业吸收大批农业人口，城镇人口比重迅速上升。

后期阶段（城镇人口占总人口比重在70%～90%之间）：这一阶段农村人口的比重和绝对数量已经很少。由于社会必需保持一定的农业规模，农村人口的转化趋势停止，最后相对稳定在10%～30%，即城镇人口比重相对稳定在70%～90%。后期的城镇化不再主要表现为变农村人口为城镇人口的过程，而是城镇人口内部职业构成由第二产业向第三产业的转移。

(三) 当代世界城镇化的动向

1. 世界城镇化的发展阶段

从世界范围看，工业革命的浪潮起源于资本主义革命首先获得胜利的英国，继而席卷欧美以至全世界。从此世界从农业社会开始迈向工业社会，从乡村时代开始进入城镇化时代。世界范围的城镇化进程大致可以分为以下三个阶段：

(1) 1760—1851年：世界城镇化的兴起阶段

在该阶段，世界上出现了第一个城镇化水平达到50%以上的国家——英国。从1760年的产业革命开始，到1851年，英国花了90年的时间，成为世界上第一个城市人口超过总人口50%的国家，基本上实现城镇化。当时，世界城镇人口仅占总人口的6.5%。

(2) 1851—1950年：城镇化在欧洲和北美等发达国家的基本实现阶段

欧美等发达国家所走的城镇化道路基本上与英国相似，即都是靠产业革命推动，城镇人口主要是由农村移入城市。从经历的年限来看，发达国家的城市人口比重达到50%以上花了整整100年的时间。其间英国的城镇人口占总人口的比重已由1851年的51%上升到78.9%，进入了高度发达的城镇化阶段。从城镇人口的绝对数量上看，1850年，整个发达国家的城镇人口总数大约只有4000万，而到1950年则增加到4.49亿人。整个世界的城镇人口从1850—1950年的百年间，由8000万增加到7.17亿，净增6.37亿。世界城镇人口占总人口的比重达到28.4%。

(3) 1950至今：城镇化在全世界范围内加速阶段

在这个阶段，世界城镇人口的比重由1950年的28.4%上升到1997年的46%。这一阶段的突出特点是城镇化速度加快。1950—1960年世界城镇人口平均每年增长率高达3.5%，高于1920—1930平均每年的增长率2.2%。1930—1940年的2.4%和1940—1950年的2.2%的水平。发展中国家的城镇人口平均每年增长率高达8%，几乎等于1920—1930年平均增长率3%的3倍。

2. 当代世界城镇化进程的特点和趋势

(1) 城镇化增长势头猛烈而持续

在城镇出现以后的几千年里，世界的城镇人口和城镇人口比重呈很低水平上的缓慢增长。在缓慢之中则包含了城镇发展的相对繁荣地区在不同时期的频繁变动。1800年世界总人口为9.78亿，其中约5.1%居住在城镇。此后态势完全改变，世界人口的自然增长率不断提高，世界的城镇人口则以更高的速率增长，城镇化的发展迅猛异常。

在19世纪的100年里，世界人口仅增加70%，而城镇人口却增加了340%。20世纪的前50年，世界人口增加了52%，城镇人口增加了230%。1950—1980年这30年中，世界人口增加了75%，城镇人口增加了150%。这180年里，世界人口增加了3.5倍，而城镇人口却增加了35倍有余。

(2) 城镇化发展的主流地区已从发达国家转移到发展中国家

在世界城镇人口的普遍稳定增长中，城镇化发展的主流地区是有变化的。最早欧洲一度是世界城镇化程度最高的地区。1800年世界有65个10万人口以上的城镇，只有21个在欧洲，占32.3%；到1900年世界10万人口以上的城镇增加到301个，欧洲却有148个，占49.2%。英国在1850年成为第一个有一半以上的人口居住在城镇的国家。20世纪初美洲的城镇发展后来居上。世界发达国家的城镇化在1925年前后达到高潮，以后其主流地区又逐渐转移到了发展中国家，尤其是20世纪中叶以来，随着民族独立解放运动的普遍胜利，亚洲和非洲的城镇发展势头尤为迅猛。1975年，发展中国家的城镇人口数开始超过发达国家，目前约集中了世界城镇人口的60%。显然，在今后相当长的时间内将保持这样的发展格局。

(3) 人口向大城市迅速集中，大城市在现代社会中居于支配地位

这主要表现在50万人口以上的大城市的人口，占世界城市人口的比重不断提高。1960年为30%左右，1980年上升为40%～50%。在大城市中，百万人口以上的特大城市的发展尤为引人注目。1900年，全世界百万人口的特大城市仅13个，1950年增加到71个，1960年达到114个。到1980年，全世界的特大城市数量已经达到222个，其中发达国家为103个，发展中国家为119个，更表现出发展中国家特大城市发展的惊人速度。同时，由于大城市在地域空间的不断扩展，形成了若干以一个或几个城市为中心，包括周围城镇化地区的城镇密集区，形成一都市连绵带，并在世界城镇化进程中体现出日益突出的地位。都市连绵带的概念是法国地理学家戈特曼(J.Gottmann)在研究了美国东北部大西洋沿岸的城市群以后，于1957年首次提出的，他对世界城镇化现象进行了研究，认为世界上共有六个都市连绵带：

①美国东北部大西洋沿岸都市带：有波士顿、纽约、费城、巴尔的摩、华盛顿等主要城市，以波士顿—纽约—华盛顿为轴线。

②美国、加拿大五大湖沿岸都市带：分布于芝加哥东部到底特律到伊利湖北岸，以蒙特利尔—多伦多—底特律—芝加哥为轴线。

③日本太平洋沿岸都市带：有东京、横滨、名古屋、大阪、神户等主要城市，以东京大阪为轴线。

④英国都市带：有伦敦、伯明翰、利物浦、曼彻斯特等主要城市，以伦敦至利物浦为轴线。

⑤欧洲西北部都市带：从阿姆斯特丹延伸到鲁尔，再到法国北部工业密集区，主要城市有阿姆斯特丹、安特卫普、布鲁塞尔、科隆。

⑥中国以上海为中心的长江三角洲都市带：有上海、南京、常州、无锡、苏州、杭州、绍兴、宁波等主要城市。

大都市带的地域组织有这样几个特点：

①多核心：区域内有若干个人口高密度的大城市核心，组成一连串的大都市区。

②交通走廊：这些大城市核心及大都市区沿高效率的交通走廊而发展。

③密集的交互作用：不仅都市区内部、中心城市与周围郊区之间有密集的交互作用，都市区之间也有着密切的社会经济联系。

④规模特别庞大：戈特曼认为大都市带的规模在 2500—4000 万人之间。

⑤是国家的核心区域：它是国家的外贸、现代化工业、商业金融、文化中心，对国家经济社会发展有重要先导作用的地区，也是国家国际交往枢纽。

## 二、我国城镇化发展进程

### （一）我国城镇化过程的特点

新中国成立之后 50 多年来，我国城镇化在艰难曲折中前进，取得了伟大的成就，经验和教训都是很丰富的。中国城镇化过程的主要特点有：

1. 城镇的数量和城镇人口的总规模有了很大的发展，城市建设取得了举世瞩目的成就。1949 年到 1999 年，设市城市数量由 136 个增加到 667 个，建制镇由 2000 多个增加到 21219 个，市镇总人口由 4900 万增加到 4.56 亿，占全国总人口的比重由 10.6% 提高到 36.1%。[①] 城镇规模和布局有所改善，辐射力和带动力增强。建制镇规模扩大，小城镇开始从数量扩张向质量提高和规模成长转变。城镇基础设施和环境进一步完善。

2. 中国城镇化的速度与世界进程相比较为缓慢，目前的城镇化水平仍然较低。发展缓慢主要在建国后的前 30 年，1950—1980 年，中国城镇化水平平均每年仅上升 0.13 个百分点，城镇人口增长的主要因素是自然增长，而同期世界城镇化水平每年上升 0.36 个百分点，无论与发达国家还是发展中国家相比，都差得很远。1980 年以后，中国城镇化速度明显加快，2000 年底，中国城镇化水平达到 36.1%，但与世界城镇化相比仍然较低。

3. 中国城镇化过程的反复性和曲折性是世界上其他国家所少见的，大起大落是中国的主要教训。中国城镇化进程和国家政治经济的发展过程基本上是一致的，走过了四个阶段：一是短暂健康发展（1949—1957 年），二是过度城镇化（1958—1960 年），三是反向城镇化（1961—1976 年），四是全面推进阶段（1977 年以来）。

从 1957 年到 1976 年期间，我国经历了长达 19 年的城镇化不正常发展阶段，其中城镇化水平从 1965 年后持续下降，1971 年达到最低点 12.08%，这以后多年徘徊在 12.2% 左右。在这一阶段逐渐形成起来的户口管制、限

---

① 2000 年我国进行第五次人口普查，将居住在城镇半年以上的暂住人口统计为城镇常住人口。因此，依据第五次人口普查统计口径统计的 2000 年我国城镇化水平为 36.1%，比第四次人口普查结果发生突变。本书中除 2000 年城镇化水平为第五次人口普查统计口径外，1949—1999 年城镇化水平均为第四次人口普查统计口径结果。

制人口流动、知识青年上山下乡、以分散为特征的三线建设等政策，为后来很长一段时间的城镇化奠定了基调。"文革"以后，特别是1978年十一届三中全会以来，全国工作的重点转移到社会主义现代化建设上来，城镇化也走出了倒退和停滞的低谷，步入了健康快速的正常轨道。经过改革开放20多年的发展，中国城镇化已经逐渐形成了按"自上而下"和"自下而上"两种力量和两种形式并行不悖的发展格局，小城镇发展在我国城镇化进程中扮演着重要角色。

4.中国缓慢的城镇化过程并没有出现大城市人口过分膨胀的现象。这和世界其他国家是很不一样的。1949—1980年30年间，14个特大城市的人口增长中机械增长部分只占10%左右，而同时在全国城镇人口的增长中，机械增长约占30%，故绝大多数机械增长分散在中小城镇，并非涌向大城市。其中，上海、天津、广州、南京的机械增长还呈负值，这本身是不正常的政治经济背景下出现的不正常现象。1980年以后经济进入正常发展，各级城镇人口增长都明显加快，但是大城市的增长率仍然低于全国城市人口的平均增长速度。

5.中国的城镇化不是伴随着农村的破产和城乡关系的尖锐对立展开的，而是体现了城乡居民共同富裕、城乡经济共同繁荣，这是社会主义城镇化的本质特征。今天和未来的城镇化发展战略是中国社会经济发展战略的重要组成部分，与波澜壮阔的农村和城市经济体制改革密切相关。

（二）我国城镇化面临的形势

1.城镇化发展机制发生实质性变化，市场经济成为影响城镇化和城镇发展的主要因素。改革开放前，我国推动工业化和经济发展的原始资本，主要通过工农产品剪刀差来积累；城镇化发展以国家和政府对工业的投资为主要动力，是单一的由上而下的城镇化模式。城乡之间直接的人口、经济和物资交换受到严格的制度制约。改革开放以来，随着经济体制的改革和经济社会发展水平的迅速提高，传统的资金积累方式逐步发生变化，政府投资在城市发展中的主导作用逐步被社会投资和外资取代。随着农业积累的逐步增加，乡镇企业得到前所未有的发展，极大地推动了小城镇的发展。我国城镇发展的动力趋于多样化，由上而下和由下而上两种城镇化过程齐头并进，健全了我国城镇化的机制，推动了我国城镇化的发展。

2.城镇化滞后已成为制约我国经济社会发展的瓶颈。由于我国建国后长期实行抑制城镇化的工业化发展道路，改革开放二十年来，城镇化仍然未能与工业化同步，致使我国城镇化严重滞后于工业化，明显低于世界城市化的平均水平，造成一系列影响我国经济社会发展深层次的矛盾。城镇经济结构不合理，第三产业得不到充分发育，使城镇不能提供相应的就业岗位，影响了城镇对农村剩余劳动力的吸纳能力，制约了农业的规模经营和生产效率的提高，抑制了对制成品和服务业的有效需求，成为影响我国经济的持续健康发展的重要制约因素。

3．城镇化与城镇发展的区域差异越来越明显。东部地区的城镇化水平约为37％，中部地区约为30％，西部地区为24％。除北京、天津、上海和重庆以外，辽宁省城镇化水平最高，相当于全国平均水平的2倍；西藏自治区最低，为全国平均水平的41％。近二十年来，城镇化进程较快的地区有广东、浙江、江苏、山东、河北、广西，发展比较缓慢的地区有黑龙江、内蒙方、吉林、青海、新疆、西藏。由于历史、地理和社会经济发展多种因素的影响，中国城镇分布呈现自东而西，由密到疏的空间分布特征。

4．小城镇迅速崛起，对我国城镇化产生了积极的推动作用，成为我国城镇体系的重要组成部分。小城镇发展的基础是改革开放以来农村经济的繁荣和乡镇企业的迅速发展，推动小城镇发展的动力是乡村工业化。小城镇的迅速和大规模发展，实现了农村劳动力就近转移，稳定了农业基础，健全和完善了我国城镇化的机制。

（三）我国城镇化进程存在的主要问题

1．引导和调控城镇化与城镇发展的管理体制不健全。由于种种原因，我国过去走了一条在推进工业化的同时抑制城镇化的发展之路。尽管改革开放以来我国城镇化得到前所未有的大发展，但是，城镇化发展的水平和质量仍旧滞后于经济社会发展，不仅不能有效地促进第三产业的增长，而且限制了工业的进一步发展，成为产业结构和经济结构优化的瓶颈。造成这个问题的关键是没有把城镇化和城镇发展与社会经济发展作为一个有机的整体，对城镇化政策的研究，不能适应经济体制改革和城镇化迅速发展的形势需要，引导和调控城镇化与城镇发展的管理体制不健全。

2．城镇化的质量未能与城镇化水平同步提高。由于改革开放前长期实施的非城镇化的工业化，我国城镇建设的基础十分薄弱。改革开放以来，城镇建设虽然取得了突飞猛进的发展，但是仍然不能满足迅速增长的城镇化的需要，尤其是迅速成长的小城镇。由于缺乏正常、规范的投资体制和稳定的投资渠道，城镇建设水平还比较低。

3．城镇发展与区域发展不协调，基础设施重复建设。城镇间在区域性基础设施的配置上缺乏协调，重复建设，造成浪费，特别是珠江三角洲、长江三角洲、胶东半岛等城镇密集的地区。城市与城市之间基础设施建设缺乏必要的协调，重复建设的情况比较严重，如机场和港口建设由于缺乏统一规划、综合部署，布局过密，使用效率不高。毗邻城镇的道路和市政设施各自为政，互不衔接，不仅造成市政设施在低水平上不合理的重复建设，而且影响城镇基础设施建设投资规模效益。城乡结合部和公路沿线建设无序蔓延，给长远发展带来许多隐患。城镇布局缺乏协调，对周边城镇和地区的环境造成污染和破坏。

4. 城镇发展面临严峻的资源和环境问题。我国人口众多，资源相对不足，土地资源尤为紧缺，人均耕地仅相当于世界平均数的三分之一。我国有400多个设市城市缺水，其中华北、山东、山西、陕西、关中地区的城镇严重缺水，水的供需矛盾越来越突出。日益严重的水土流失和荒漠化，也对城镇的发展和合理布局产生了重大的影响。受利益驱动，城市土地高强度开发，历史和文化遗存被破坏，城市的环境问题越来越突出。

5. 小城镇布局散、乱，建设水平亟待提高。目前我国建制镇的平均规模只有6600人，镇区面积不到1平方公里。由于小城镇集聚规模小、布局分散和其他因素，导致建设质量和水平不高，城镇功能还不健全，吸纳农业剩余劳动力能力的提高落后于小城镇数量的增长。乡镇企业没有向小城镇镇区集中，布局分散，难以形成规模效益，出现了低水平的重复建设，浪费了资源，加剧了乡镇企业污染防治的难度和成本；小城镇沿路建设、把过境公路作为城镇主干道，虽然为当地带来了一定的短期经济效益，但严重影响过境交通和城镇安全，不利于小城镇合理布局和功能组织，制约了城镇长远发展。

（四）走有中国特色的城镇化道路

1. 基本原则

要按照与经济社会发展水平和市场发育程度相协调、与资源和环境条件相适应的原则，遵循市场经济的客观规律，因地制宜，循序渐进，积极引导，优化城镇布局，完善城镇功能，提高城镇对区域经济社会发展的辐射和带动作用，促进城乡经济社会协调发展、共同繁荣。

①积极引导：针对我国城镇化严重滞后于工业化的现实，适应城镇化和经济发展相协调、促进经济社会持续健康发展的客观要求，调整和改变我国长期在计划经济条件下形成的不利于城镇健康发展的种种限制性政策，来取积极的政策和措施，引导和推动我国的城镇化进程，使我国经济发展在城镇化合理发展的基础上稳固地建立国内需求，促进国内市场发育，推进产业结构的优化和升级，带动国民经济持续快速健康增长。

②集约发展：合理配置和利用资源，尤其是土地资源；调整和优化城镇产业结构，加快发展城镇第三产业；加强和完善城镇基础设施和服务设施建设，提高城市建设和发展的质量，完善城市功能，增强城市的辐射力和影响力。充分发挥城市聚集效应和规模效益，引导和促进经济要素在空间上的集聚，在保证城市健康协调发展的前提下，实现城市效益和效率的最大化。

③因地制宜：针对不同区域、不同等级城镇的实际情况，采取相应的政策和措施，有的放矢，突出重点，从多方面、多角度协调城镇发展，逐步形成合理的城镇功能和空间结构，保证城镇的有序发展。

④转换机制：充分依靠市场机制，加强政策引导和调控，辅以必要的行政手段，引导城镇健康发展。要通过市场，积极调动社会力量，多方开辟城市建设资金来源；要加速城乡经济要素（土地、人口、资源、固定资产等）的市场化和资本化；通过实行制度创新，有效地解决城镇化发展所需的资金，充分发挥市场机制对于促进城镇化的作用。

2.逐步建立适应社会主义市场经济发展需要的城镇体系

要针对社会主义市场经济条件下城镇化与城镇发展的特点，健全城市功能，强化城市对区域经济社会发展的辐射和带动作用，强化城镇的横向经济联系，促进大中小城市和小城镇的协调发展，逐步建立适应社会主义市场经济发展需要的城镇体系。

①有重点地发展小城镇：发展小城镇要突出重点，合理布局，科学规划，注重实效。小城镇建设要规模适度，突出特色，强化功能。发展小城镇要与引导乡镇企业聚集、市场建设、农业产业化经营和社会化服务相结合，繁荣经济、聚集人口。小城镇是我国城镇体系的重要组成部分，要将小城镇纳入所在地域的城镇体系，保证小城镇的健康发展。

②积极发展中小城市：中小城市的发展要挖掘潜力、夯实基础、提高质量、扩大规模、适当增加数量。优先发展区位优势明显，交通便利，发展潜力大的中小城市。进一步强化优势，突出特色，提高优势领域的竞争力。东部地区要适当控制中小城市的数量增加，重点提高现有城市的质量，扩大规模，增强辐射力；中西部地区可在扩大现有城市规模和提高质量的基础上，适当增加城市数量。

③完善区域性中心城市功能：要提高区域性中心城市对区域经济社会发展的服务、辐射和带动作用，促进城镇与区域经济、社会和环境的协调发展，密切城乡联系，促进城乡共同繁荣。区域性的中心城市要重点充实面向区域的贸易、信息、金融、教育、科技、文化等方面的服务功能，建立便捷的城际交通网络，使中心城市与周边地区联结为有机的整体，引导中心城市功能的合理疏解和调整，扭转人口过密和交通拥挤的状况，优化布局，改善环境，增强辐射和带动能力。

④引导城镇密集区有序发展：要划定必须严格保护的农田和各类生态环境保护区，防止城镇沿干线公路两侧无序发展。要从优化区域布局、提高整体竞争力出发，统筹安排大型港口、机场、干线公路和铁路等区域性基础设施建设，共建共享，提高利用率，防止低水平的重复建设。大城市要合理调

整用地结构，加快中心城区的环境整治和功能疏解，防止人口过度向中心区集中。

3．因地制宜地引导区域城镇的合理布局

不同的自然条件、不同的经济社会发展水平，区域城镇的空间布局形式和特点不同，发展中面临的矛盾和问题也不同。因此，必须针对各地的特点，因地制宜，因势利导，对区域城镇的布局给予必要的引导，促进城镇发展与区域的经济发展、自然和生态环境相协调。

①东部地区：以扩散型城镇化为主，采取"网络带动、整体推进"的区域空间开发模式，提高现代化建设水平，促进大中小城市全面发展。以国际经济一体化为方向，以高度集约化经济为特色，积极利用国阮资源和市场，广泛参与国际经济竞争。重点培育和发展长江三角洲城镇密集区、珠江三角洲城镇密集区、京津唐城镇密集区、辽中南城镇密集区、山东半岛城镇密集区和闽东南城镇密集区。加强各城镇密集区的横向关联，形成密集区之间的现代化、系统化的通讯信息网络。各城镇密集区要加强向周围腹地的辐射与推进，促进这些区域进一步发挥在全国经济增长中的带动作用。

②中部地区：走集中型城镇化与扩散型城镇化并进的道路，采取"轴向扩展，点面结合"的空间开发模式。进一步强化跨省区中心城市的辐射和带动作用，重点发展省域中心城市和地方中心城市，改善投资环境，完善城镇功能，增强城镇的辐射力。以长江、陇海、京广、京九、京哈等沿线地区为重点，壮大和充实中心城市，培育发展江汉平原城镇密集区、中原地区城镇密集区、湘中地区城镇密集区、松嫩平原城镇密集区，积极发展长（春）吉（林）、石（家庄）保（定）、太（原）大（同）侯（马）、呼（和浩特）包（头）、合（肥）阜（阳）和（南）昌九（江）等省域城镇发展核心区和城镇发展轴、发展带，提高基础设施建设水平，完善交通通讯网络，更好地发挥对中部地区城乡经济社会发展的带动作用。

③西部地区：走以发展大、中城市为重点的集中型城镇化道路，采取"以点为主，点轴结合"的空间开发模式，以改造现有中心城市和培育发展新的经济中心为重点，循序渐进地推进西部地区的城镇化。依托亚欧大陆桥、长江水道、西南出海通道等交通干线以及重庆、西安、成都、昆明、兰州、乌鲁木齐等跨省区中心城市和贵阳、拉萨、银川、西宁等省域中心城市，以线串点，以点带面，重点培育发展四川盆地城镇密集区、关中地区城镇密集区，促进西陇海兰新经济带、长江上游经济带和南（宁）贵（阳）昆（明）经济区的形成。依托黄河中上游、新疆塔里木盆地、陕西榆林地区、贵州黔西-六盘水地区能源和矿产资源的开发，培育发展地方性中心城市。形成若干陆路开放城镇，带动西部地区经济发展。要加强以中心城市为节点

的区域交通设施建设，改变中心城市辐射带动能力较低的局面，满足西部地区经济社会发展的需要。要加快联系西部中心城市与中部和东部中心城市的快捷的公路、铁路和航空港建设。调整和完善区域和省域中心城市的功能，向综合性经济中心方向发展。

（五）坚持可持续发展战略，保证我国城市可持续发展

1. 可持续发展的基本概念

从18世纪开始的"工业革命"，人类攫取自然资源的能力以及高度膨胀的消费欲望，极大地刺激着生产力的发展。伴之而来的人口剧增，资源短缺和环境的恶化，逐渐地从局部扩展到了全球，越来越明显地威胁着地球的自然环境，也越来越明显地威胁着人类的未来。

20世纪初，全球人口仅10亿左右，而到1999年竟猛增到了60亿人，全球面临着人口、粮食、能源、资源、环境的五大危机。于是1972年6月5日联合国在斯德哥尔摩召开了第一次人类环境会议，发出了"只有一个地球"的呼吁。1987年联合国环境与发展委员会发表了《我们共同的未来》，全面阐述了可持续发展的理念，即"可持续发展是既满足当代的需求，又不对后代满足需求能力构成危害的发展"。

同时中国学者在可持续发展的概念上作了重大的发展和完善，不仅要解决时间上的代际公平，还要解决空间上的区际公平。为平衡发展中国家在区域空间的不平等的战略思想做出了理论的贡献。

1992年6月3日，联合国在巴西里约热内卢召开了"环境与发展大会"（世界高峰会议），通过了《21世纪议程》等纲领性文件和相关公约，并发表了里约热内卢《环发宣言》，标志着可持续发展开始成为全人类的共同行动纲领。可持续发展的概念核心是经济和社会发展与环境之间的协调关系。

(1) 经济与环境：强调经济增长的重要性而不是消极地否定经济增长，因为经济增长不仅使人类的基本需求得到满足，也为环境保护提供物质基础。但是，可持续发展强调经济增长方式必须具有环境的可持续性，即最少地消耗不可再生的自然资源，对环境影响绝对不能危及生态体系的承载极限。

(2) 社会与环境：强调社会公平是确保可持续发展成为人类共同行动的前提，即不同的国家、地区和人群能够享受平等的发展机会，而不是以牺牲一部分国家、地区和人群的利益为代价。少数发达国家耗用了大部分的自然资源，同时也产生更严重的环境后果，理应承担修复环境的更大责任。同时必须改善世界上最穷人群的经济状况，否则全球环境保护是不可能的。

1994年6月中国国务院正式发表《中国21世纪议程·中国21世纪人口、环境与发展》的白皮书，正式将可持续发展作为国家的基本发展战略。

2．促进城市可持续发展的对策

实现城市的可持续发展应当贯彻经济效益、社会效益统一的原则，为此应当采取以下对策：

（1）提高城市规划的科学性

首先，在区域层面上，根据整体最优原则，对经济区、流域等进行统筹安排。合理确定城镇密集区、开敞区、生态敏感区，划定自然保护区、水源保护区、自然景观旅游区，对区域的城镇体系以及区域的基础设施进行全面的规划。

其次，城市规划的结构、布局形态应符合生态规律，大城市应避免摊大饼，而采取组团式、星状式、带状式或串联式等对环境负荷较低的空间形态，使城市的人工环境与大自然融合，降低城市热岛效应。

其三，小城镇应当有合理的规模，过于分散的居民点应适当就近向城镇集中，乡镇企业也应在最有利的区位合理布局、集中建设，形成城镇的工业园区，发挥基础设施的规模效益，既节约用地、降低成本，又保护环境。

（2）公平地利用资源，制定合理的城市建设标准

可持续发展的基本的涵义是可滋养而不应损害支持地球生命的自然系统，如大气、水、土壤、生物等等，要改变以资源的高消耗和危害环境为特征的传统发展模式，过渡到节约资源和能源，实施清洁生产和文明消费，使经济、社会和环境协调发展。印度前总理甘地说："地球具有足够的蕴藏以满足每一个人的需要，但不能供每一个人的贪婪"。

城市的用地、住房、用水等技术经济指标和标准，都应从可持续发展的战略目标来认识和制定。例如：居住标准的引导和控制是关系中国可持续发展的大事。当前我国75%家庭居住建筑面积还在60平方米以下，但少数却达到300、500平方米。甚至一户拥有多处住房，热销商品房在120平方米左右，超过发达国家水平，对市场价的商品房，也应提倡中小户型，本着资源有偿使用的原则，对超过一定标准的大型商品住宅，应通过税收杠杆进行合理的调节与控制，以保证有限的公共资源得到公平的享用。

（3）建设可持续发展的人居环境

建设可持续发展的人居环境是贯彻可持续发展战略的主要对策，联合国曾先后于1976年和1996年在温哥华和伊斯坦布尔召开"世界人类住区会议"。第一次会议提出"努力缩小城市乡村之间的差别，完善人类住区"，第二次会议提出"人人有适当住房"和"城镇化世界中的可持续的人类住区"的目标。

我国在《中国21世纪议程·中国21世纪人口、环境与发展》白皮书中专门列出《人类住区可持续发展》作了全面的阐述，在目标行动中指出：人

口不断流向城镇，城市不但要继续提高现有的住房水平，还要满足新进入城市人口的居住要求。由于大量人口和物质的流动，机动车数量的倍增，交通问题已变成住区发展的突出矛盾，基础设施同样面对城市人口增加、生产、生活水平提高的压力，资源短缺是中国人类住区发展必须面对的又一挑战，由于技术水平不高、利用不当，更增加了这些问题的严重性。中国城市工业用地占总用地比例较大，约70%的工业集中在城市，许多工厂和居民区混杂，成为影响城市住区环境的主要因素之一，农村乡镇企业占用耕地问题也很严重，城乡居民住区受环境污染的威胁。

人类住区发展目标是通过政府部门和立法机构制定促进人类住区可持续发展的发展战略、政策法规、规划与行动计划，动员所有的社会团体和全体民众积极参与，建成规划布局合理、配套设施齐全、有利工作，方便生活，住区环境清洁优美安静，居住条件舒适的人类住区。西方也对以往的人类住区建设进行反思，为贯彻可持续发展的战略，提出建设紧凑型的城市，适当提高建筑密度以节约土地资源，合理采用混合用地以减少城市交通压力，发展公共交通，倡导步行交通等对策。

（4）发挥政策的力量，推进城市可持续发展

有效地行使政府行政职能，加强有关政策的制定和实施，充分发挥政策的引导和调控功能，对于推进城市可持续发展至关重要。改革开放以来，特别是20世纪90年代以来，我国政府制定了一系列有关可持续发展的政策。《中华人民共和国国民经济和社会发展第十个五年计划纲要》中就集中提出了实施城镇化战略，加快教育发展，控制人口增长，节约保护资源，加强生态建设，保护和治理环境等一系列政策，以促进和保证可持续发展我们要切实加以实施，有效地推进城市可持续发展。

## 三、正确认识城市现代化

早在1964年，周恩来总理在第三届全国人民代表大会上所做的政府报告中，就首次提出了在20世纪内实现农业、工业、国防和科学技术四个现代化的宏伟纲领。但直到1978年11月党的十一届三中全会上做出"把工作重点转移到社会主义现代化建设上来"和实行改革开放的决策之后，我国才全力转到实现现代化的轨道上来。《中华人民共和国国民经济和社会发展第十个五年计划纲要》指出："世纪之交，我国胜利实现了现代化建设前两步战略目标……，从新世纪开始，我国将进入全面建设小康社会，加快推进社会主义现代化的新的发展阶段"。随着我国城市现代化进程的不断深入，面临的挑战日益增多，我们迫切需要解决所面临的一些关键性问题。

正确认识我国城市现代化，准确地把握城市现代化进程的基本规律，是解决城市现代化关键问题的根本前提。

(一) 城镇化与现代化的关系

中国的城镇正努力实现现代化,许多城镇面貌已发生明显的变化,我们要用科学的现代化理论消除对城镇现代化的模糊认识,正确引导我国城镇现代化建设和发展。

1. 城镇现代化的内涵及其特征

从历史的角度来看,世界上的城镇现代化进程首先发生于西欧,然后再传播到欧洲其他地区和北美,从本世纪开始,在亚洲、非洲和拉丁美洲的所有国家也都先后开始了其城镇的现代化进程。应该说,城镇现代化是城镇发展到一定阶段的必然选择。

城镇现代化的内涵,就目前的认识主要包括以下三个方面的内容:

①城镇现代化是一个均衡的整体:城市是一个动态复杂的巨系统,它几乎囊括了人类活动的多个层面即多个子系统。因此,任何一个子系统的一枝独秀,只能是畸形繁荣,却不能代表这个城镇现代化系统的整体品质。

②城镇现代化是一个动态的过程,是相对的:人类历史的每个时代都有其标志性的文明成果,如从蒸汽机到电子计算机,标志着人类社会不同历史时期文明发展的水准。因而每个时代的现代化标准都不相同而且在不断地继承与发展之中。

③城镇现代化是一个价值的范畴:世界观和价值观的差别会对城镇现代化产生大相径庭的评判,尤其是意识形态、文化背景、民族特色、地域范围、资源能力和人口数量等相差悬殊的国家。对城镇现代化道路和目标本身,都拥有各自追求的发展模式。

综上所述,可以得出如下结论:城镇现代化,是指城镇的多功能子系统协调运行,从而使城市整体的发展和竞争力达到并保持所处时代的先进水平。

2. 城镇化与现代化的关系

城镇化是乡村人口向城镇人口转化,以及人类的生产生活方式由乡村型向城市型转化的一种普遍的社会现象。城镇化是人类进步的体现,城镇化水平的高低是一个国家或地区经济和社会发展水平的重要标志。近年来,全世界对城镇化有了更为积极的认识,并将其视为不发达国家谋求发展的必要条件,促进经济增长的有效手段。

伴随工业化和现代化水平的提高,我们的城镇化进程逐渐加快。江泽民总书记在十五大报告中指出:"社会主义初级阶段,是逐步摆脱不发达状态,基本实现社会主义现代化的历史阶段","是由农业人口占很大比重,主要依靠手工劳动的农业国,逐步转变为非农业人口占多数,包含现代农业和现代服务业的工业化国家的历史阶段"。这揭示了城镇化是现代化建设的客观规律。

根据国内外发展的经验来看，不同国家的经济实力、社会文明程度等由于其现代化程度的不同存在着一定的差异和不平衡状态。但是，现代化与城镇化却是密切相关的。大凡现代化国家必定是高城镇化率的国家（表1-2-1）。经济地位始终是现代化国家的主导方面，而经济发展水平和城镇化水平是相辅相成的关系。因此，一个城市欲向现代化迈进，必须适应经济社会发展的要求，着力推进其自身的城镇化进程。中国要实现现代化，城镇化将是一条不可逾越的道路。

主要国家城镇化水平（1994年）　　　　　表1-2-1

| 国　名 | % | 国　名 | % |
| --- | --- | --- | --- |
| 英国 | 89 | 中国 | 29 |
| 法国 | 73 | 印度 | 27 |
| 德国 | 86 | 埃及 | 45 |
| 日本 | 78 | 土耳其 | 67 |
| 美国 | 76 | 智利 | 86 |
| 加拿大 | 67 | 墨西哥 | 75 |

资料来源：世界银行《1995年世界发展报告》。

然而，高城镇化的国家却不都是现代化的。因为任何社会规律"不可能对一切国家和一切历史时代都是一样的"，在许多发展中国家，城镇化水平和现代化也存在着分异现象。即城镇化没有自然地带来同步的现代化。这说明了城镇化水平只是现代化的衡量标准之一，并不意味着只要城镇化水平越高，经济就越发达，因为存在着"超前城镇化"等问题，即在一些发展中国家，其城镇化不是由工业化推进的，而是由大量失去土地的乡村移民和失业人口盲目流向城市所造成的。

鉴于前面所述，我们知道：现代化水平高的城市其城镇化水平相应也高；而城镇化水平高的国家与地区其现代化水平却未必高。城镇化与现代化异步的非常现象的出现，原因是多方面的，且在世界不同地区、不同国家以及在同一国家的不同城市，情形也各有不同。这种现象在我国也同样严重存在，其中重要的原因是我国长期执行户籍制度，限制了城乡人口流动，以及城乡二元经济结构造成的。

（二）城镇现代化的主要目标

城镇现代化应包括经济、社会、政治、文化、环境等诸多方面。这里主要以城市规划、建设、管理为核心提出城镇现代化的目标。这些目标在不同发展阶段应有不同的要求。

**1. 现代化的指标体系**

城镇现代化是建立在一个国家现代化整体发展水平之上的，是一国经济社会发展水平的缩影。为了全面、准确地认识和考察城镇现代化问题，首先需了解度量一个国家现代化的标准问题。国内外一些学者和科研机构提出了现代化的指标体系，它虽不具有统一的、权威的意义，但可参考。

日本学者薮野佑三在《现代化理论的今天》一文中指出："人们对发展中国家的社会结构排出了一个发展程度的序列，为此，就有必要制定一些表明发展阶段具体特征的指标，于是便出现了识字率、城镇化、大众传播普及率等，根据这几个方面情况测定的现代化程度。"现代化的指标体系是描述与反映一个国家发展程度和水平的衡量标准。它是一个综合性指标，包括经济指标、社会指标、环境指标和能力指标，主要表现为雄厚的经济实力，完善的基础设施和服务设施，高素质的劳动力队伍和城市人民生活高度社会化等。这些指标可以为判断和指导现代化提供量化和科学依据。国外许多学者已经总结出许多现代化指标体系，如：

（1）英克尔思提出的现代化的十项标准：

①人均国民生产总值（GNP）——3000美元以上；

②农业占GNP比重（%）——12~15；

③第三产业占GDP比重（%）——45以上；

④非农就业者占总劳动者比重（%）——70以上；

⑤成人识字率（%）——80以上；

⑥大学生占适龄人口比重（%）——10~15以上；

⑦城镇人口占总人口比重（%）——50以上；

⑧平均每个医生的服务人口——1000人以下；

⑨平均预期寿命——70岁以上；

⑩人口自然增长率（‰）——10以下。

（2）我国部分学者提出的我国现代化的指标体系如表1-2-2所示：

中国现代化指标体系　　　　　　　　　　　　表1-2-2

| 指标序号 | 指标名称 | 单位 | 标准 |
|---|---|---|---|
| 1 | 人均GDP | 美元 | >3000 |
| 2 | 农业占GDP的比重 | % | <12~15 |
| 3 | 第三产业占GNP的比重 | % | >45 |
| 4 | 非农业就业人口占总人口的比重 | % | >70 |
| 5 | 识字人口占人口的比重 | % | >80 |

续表

| 指标序号 | 指标名称 | 单位 | 标准 |
| --- | --- | --- | --- |
| 6 | 适龄青年受高等教育的比重 | % | 12～15 |
| 7 | 城镇占总人口的比重 | % | >50 |
| 8 | 平均每个医生服务的人口数 | 人 | <1000 |
| 9 | 平均预期寿命 | 岁 | >70 |
| 10 | 人口自然增长率 | ‰ | <10 |
| 11 | 婴儿死亡率 | ‰ | <3 |

资料来源：《社会学教程》，北京大学出版社，1987年版，第302页。

我国学者提出的标准与英克尔思标准基本相同，仅适龄青年受高等教育比重有些区别，中国指标中增加了婴儿死亡率。

(3) 城镇现代化评价指标体系（见图1-2-1）：

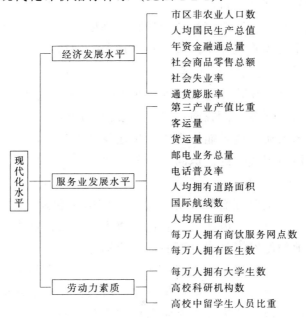

图1-2-1 城镇现代化评价体系

2．城市规划、建设与管理的现代化目标

针对城市规划、建设与管理方面，实现城镇的现代化，基本内容应包括五个方面：

(1) 科学的城市规划

要建设一个现代化的城市，首先要有科学的城市规划。城市规划要充分考虑城镇的自然、经济、社会、文化的条件，体现优化城市的产业结构，合理的城镇空间布局结构，方便生活、有利生产的高效、宜人的人居环境。

(2) 良好的环境质量

首先应具备健全、良好的生态环境。完善的生态绿地系统，足够的绿色空间，足够的防灾、抗灾能力，有效保护好历史文化遗产和自然景观，充分体现民族传统和地方特色，使人工、自然环境协调。

(3) 较高的生活质量

不但有完善的住房，更要创造优美、舒适、安静、配套设施齐全的居住环境，良好的社区服务和管理，以满足人们的交通、购物、健身、休闲、交往、医疗、教育等各种物质和精神生活的需求。

(4) 现代化的社会设施和基础设施

城市不仅需要建设现代标准的宾馆、饭店、办公楼，更要具有高水平的科技、文化、体育、卫生的设施，特别要有高效便捷的综合交通体系，完备的供水、能源，废弃物的处理和利用等系统。

(5) 高效的管理运行机制

现代化城市是一个高效率快节奏运行，高度复杂的动态系统，要建立科学民主的决策系统和管理体制，实现管理规范化和法制化。

(三) 城镇现代化认识的若干问题

当前中国正处在现代化建设的关键时期，城镇正进行着大规模的建设，随着改革开放的不断深入，我国现代化建设面临的问题日益增多，如不能真正理解现代化的实质，就可能妨碍现代化建设的健康发展。因此，在本世纪之初，澄清对城镇现代化的认识问题十分必要。

1. 现代化与工业化

现代化的一个重要方面是经济发展，任何国家和地区要实现经济发展，必然要经历工业化过程。因此，工业化就成为大多数发展中国家最紧迫的发展目标，也是他们能看得见的有形的现代化标志。

但工业化并非是现代化的全部目标。现代化是一个经济、社会、文化等各方面全方位的发展过程，它不仅带来经济增长，还包括社会生活的一切基本方面，可以简单地概括为物质文明和精神文明的两个方面。将现代化只理解成经济增长，是对现代化的一种曲解。倘若不具备良好的生态与人文环境，就不能称之为现代化，也不能给现代化以持久的源动力。

2. 现代化与城市建设

在城市建设和发展过程中，有些人认为现代化就是高楼大厦，就是立交桥。有的城市，特别是小城市为了追求所谓的现代化，不珍惜文化遗产，不注意保护自然环境特色，搞形式主义，盲目攀比。广场越搞越大，草坪越铺越大，马路越来越宽，失去了人的尺度感、亲切感、安全感和人的真正需要的功能。城市现代化应当体现"以人为本",漠视人的物质和精神需求,不考虑社会效益和环境效益,甚至造成资金和土地的浪费,和我们追求的现代化目标是不相容的。

## 第三节 城市规划在城市发展中的地位与作用

### 一、城市规划的性质

城市规划是对一定时期内城市的经济和社会发展,土地利用,空间布局,以及各项建设的综合部署和具体安排。

对城市规划的性质应从学科意义和实践行为两个方面加以把握。城市规划是这样一个过程,它通过确定城市未来发展目标,制定实现这些目标的途径、步骤和行动纲领,并据以对社会实践进行调控,从而引导城市的发展。城市规划作用的发挥主要是通过对城市空间,尤其是土地使用的分配和安排来实现。城市规划作为一项社会实践,总是在一定的社会制度的背景及其发展过程中运作的。现代城市规划的兴起与公共政策、公共干预密切相关,城市规划表现为一种政策行为。根据现代行政法制的原则,城市规划行政管理的各项行为都要有法律的授权,并依法施行管理。

（一）城市规划与行政权力

对城市进行规划,实施规划管理,涉及对自然规律和社会规律的把握,因此城市规划是一门综合性、技术性很强的学科。城市规划在实践中又表现为对资源的配置,涉及社会各方面的利益关系,涉及资源开发利用的价值判断和对人们行为的规范。显然无论是对城市发展的有意识、有计划的主动行为,还是对各项开发活动的被动控制,都必然联系到权威的存在及权力的应用。按法国学者拉卡兹（Jean-Paul Lacaze）的说法"人们可以对城市规划进行更深入的理论分析,但是为此必须同意将它作为权力行为来研究,以便理清政治管理的决策、意识形态和专业实践经验各个范畴之间的关系"。

纵观世界各国,城市的建设和管理都是城市政府的一项主要职能,城市规划无不与行政权力相联系。

（二）城市规划行政与立法授权

城市规划作为城市政府的一项职能,在不同国家有不同的起因和不同的立法授权方式,但是政府的规划行政权力来源于立法授权却是共同的。

（1）英国城市规划作为城市政府的职能起源于公共卫生和住房政策。19世纪的工业革命大大发展了生产力,同时也造成了城市人口的急剧聚集,产生了严重的公共卫生问题,引起社会不安甚至动荡,从而迫使政府采取对策。为了克服人口过密以及不适的卫生条件给城市带来的经济代价和社会政治代价，就必须对市场经济的自发行为以及私人财产权益加以公共干预。18世纪英国在公共卫生方面的立法就是在这样的背景下产生的。为了使城市能够达到适当的卫生标准，地方当局被授权制定和实施地方性的法规。这些法规的内容包括对街道宽度的控制，对建筑高度、结构及平面布局的规范等。

城市公共卫生方面政策的成功和经验导致这种公共政策扩展到对城市开发的规划。1909年英国产生了第一部城市规划法律《住房和城市规划法1909》。这部法律授予地方当局编制用于控制新住宅区发展规划的权力。

从1909年至今，英国的城市规划法已多次修改，城市规划方面的法律已增加到几十部。在城市规划方面的法律对地方政府的行政授权已十分详尽，其内容也随社会经济条件的变化而在不断调整更新。

(2) 从美国城市规划的发展历史看，政府对私人财产权利实行控制的权力演变是最为关键的因素。自20世纪20年代以来，区划（zoning plan）作为城市土地使用的公共控制方式和城市规划实施的工具得到了广泛的应用和持续的发展。

由于美国是个联邦制国家，地方政府的结构、权力与职能是由州宪法和法律所具体规定的。地方政府在城市规划方面的职能和权限主要由州的授权法所确定。州的规划授权法可要求县、城市、镇设置规划委员会，并可规定编制综合规划的要求，及规定地方政府的规划程序。州的区划授权法往往详细地定义区划的范围、制定和批准区划的程序、区划委员会的构成及其权力等。

就规划的作用而言，关键的是地方政府拥有制定规章来约束居民的行为及约束居民处理他们的财产的权力。政府的行政权力来源于州宪法和具体授权法。同时，立法中通常也指出这些法律仅仅保障市政当局在行政权力范围内作为。

(3) 我国于1990年施行的《中华人民共和国城市规划法》，第一次以国家法律的形式规定了城市规划制定和实施的要求，明确了规划工作的法定主体和程序。《中华人民共和国城市规划法》的第十一条、第十二条明确规定："国务院城市规划行政主管部门和省、自治区、直辖市人民政府应当分别组织编制全国和省、自治区、直辖市的城镇体系规划"，"城市人民政府负责组织编制城市规划。县级人民政府所在地的城市规划，由县级人民政府负责组织编制"。

《中华人民共和国城市规划法》也赋予了城市人民政府和县级人民政府及其城市规划行政主管部门在审批、修改、公布、实施城市规划，以及城市规划行政执法方面的种种必要权力。我国通过城市规划法及其相关法规、配套法规的建设，使各级城市规划行政主体获得了相应的授权，规划行政管理的原则、内容和程序也得到了明确，从而使城市规划行政实现了有法可依，使城市规划走上了法制化的轨道。

## 二、城市规划与其他相关规划、相关部门的关系

### （一）城市规划与区域规划的关系

区域规划和城市规划的关系十分密切，两者都是在明确长远发展方向和目标的基础上，对特定地域的各项建设进行综合部署，只是在地域范围的大小和规划内容的重点与深度方面有所不同。一般城市的地域范围比城市所在的区域范围相对要小，城市多是一定区域范围内的经济或政治和文化中心。每个中心都有其影响区域范围，每一个经济区或行政区也都有其相应的经济中心或政治和文化中心。区域资源的开发，区域经济与社会文化的发展，特别是工业布局和人口分布的变化，对区域内已有的城市的发展或新城镇的形成往往起决定性作用。反之，城市怎样发展也会影响整个区域社会经济的发展和建设。由此可见，要明确城市的发展目标，确定城市时性质和规模，不能只局限于城市本身条件就城市论城市，必须将其放在与它有关的整个区域的大背景中来进行考察。同时也只有从较大的区域范围才能更合理地规划工业和城镇布局。例如，有些大城市的中心城区要控制发展规模，需从市区迁出某些对环境污染较严重的企业，如果只在城市本身所辖的狭小的范围内进行规划调整，不可能使工业和城市的布局得到根本的改善。因此，就需要编制区域规划，区域规划可为城市规划提供有关城市发展方向和生产力布局的重要依据。

在尚未开展区域规划的情况下编制城市规划，首先要进行城市发展的区域分析，即要分析区域范围内与该城市有密切联系的资源的开发利用与分配，经济发展条件的变化，以及对生产力布局和城镇间分工合理化的客观要求，为确定该城市时性质、规模和发展方向寻找科学依据。这实际上就是将一部分区域规划的工作内容渗入到城市规划工作中去。

区域规划是城市规划的重要依据，城市与区域是"点"与"面"的关系，一个城市总是与和它对应的一定区域范围相联系；反之，一定的地区范围内必然有其相应的地域中心。从普遍的意义上说，区域的经济发展决定着城市的发展，城市的发展也会促进地区的发展。因此，城市规划必须以区域规划为依据，从区域性的经济建设发展总体规划着眼，否则，就城市论城市，就会成为无源之水，难以把握城市基本的发展方向、性质和规模以及空间布局结构形态。

区域规划与城市规划要相互配合，协同进行。区域规划要把规划的建设项目落实到具体地点，制订出产业布局规划方案，这对区域内各城镇的发展影响最大，而对新建项目的选址和扩建项目的用地安排，则有待城市规划进

一步落实。城市规划中的交通、动力、供排水等基础设施骨干工程的布局应与区域规划的布局骨架相互衔接协调。区域规划分析和预测区内城镇人口增长趋势，规划城镇人口的分布，并根据区内各城镇的不同条件，大致确定各城镇的性质、规模、用地发展方向和城镇之间的合理分工与联系，通过城市规划可使其进一步具体化。在城市规划具体落实过程中，有可能需对区域规划作某些必要的调整和补充。

（二）城市规划与国民经济和社会发展计划的关系

国民经济和社会发展中长期计划是城市规划的重要依据之一，而城市规划同时也是国民经济和社会发展的年度计划及中期计划的依据。国民经济和社会发展计划中与城市规划关系密切的是有关生产力布局、人口、城乡建设以及环境保护等部门的发展计划。城市规划依据国民经济和社会发展计划所确定的有关内容，合理确定城市发展的规模、速度和内容等。

城市规划是对国民经济和社会中长期发展计划的落实作空间上的战略部署。由于国民经济和社会发展计划的重点是放在该地区及城市发展的方略和全局部署上，对生产力布局和居民生活的安排只做出轮廓性的考虑。而城市规划则要将这些考虑落实到城市的土地资源配置和空间布局中。

但是，城市规划不是对国民经济和社会发展计划的简单的落实，因为国民经济和社会发展计划的期限一般为五年、十年，而城市规划要根据城市发展的长期性和连续性特点，作更长远的考虑（20年或更长远）。对国民经济和社会发展计划中尚无法涉及但却会影响到城市长期发展的有关内容，城市规划应做出更长远的预测。

（三）城市总体规划与土地利用总体规划的关系

从总体上和本质上看，我国城市总体规划和土地利用总体规划的规划目标是一致的，都是为了合理使用土地资源，促进经济、社会与环境的协调和可持续发展。土地利用总体规划以保护土地资源特别是耕地为主要目标，比较宏观的层面上对土地资源及其使用功能的划分和控制，而城市总体规划侧重于城市规划区内土地和空间资源利用的规划，两者应该是相互协调和衔接的关系。城市总体规划内容中的土地使用规划是城市总体规划的重要内容，这与土地利用总体规划的内容有所交叉。城市总体规划除了土地使用规划内容外，还包括城镇体系规划、城市经济社会发展战略以及空间布局结构等内容。这些内容又是为土地利用总体规划确定区域土地利用提供宏观依据。土地利用总体规划不仅应为城市的发展提供充足的发展空间，以促进城市与区域经济社会的发展，而且还应为合理选择城市建设用地以优化城市空间布局提供灵活性。城市规划区范围内的用地布局应主要根据城市空间结构的合理性进行安排。城市总体规划应进一步树立合理和集约用地、保护耕地的观念，尤其是保护基本农田。城市规划中的建设用地标准、总量，应和土地利用规划充分协商一致。城市总体规划和土地利用总体规划都应在区域规划的指导下，相互协调和制约，共同遵循发展区域社会和经济，合理利用和珍惜每一寸土地，切实保护耕地，保护生态环境，维持生态平衡，促进城乡协调发展，发挥城市区域的竞争优势，协调区域间、城镇间矛盾的原则。

目前，土地利用总体规划与城市总体规划之间的关系，还需要在实践中进一步理顺。这两个规划应在规划工作程序和规划技术方法、规划范围、统一用地的统计口径、规划实施管理机制等方面作进一步调整和完善。

（四）城市规划与城市生态环境、城市环境保护规划的关系

城市环境保护规划是对城市环境保护的未来行动进行规范化的系统筹划，是为有效地实现预期环境目标的一种综合性手段。城市环境保护规划包括：大气环境综合整治规划、水环境综合整治规划、固体废物综合整治规划，以及生态环境保护规划。

城市环境保护规划属于城市规划中的专项规划范畴，是在宏观规划初步确定环境目标和策略指导下，具体制定的环境建设和综合整治措施。而城市生态规划则与传统的城市环境规划不同，不只考虑城市环境各组成要素及其关系，也不仅仅局限于将生态学原理应用于城市环境规划中，而是涉及到城市规划的方方面面，致力于将生态学思想和原理渗透于城市规划的各个方面，并使城市规划"生态化"。同时，城市生态规划在应用生态学的观点、原理、理论和方法的同时，不仅关注于城市的自然生态、而且也关注城市的社会生态。此外，城市生态规划不仅重视城市现今的生态关系和生态质量，还关注城市未来的生态关系和生态质量，关注城市生态系统的可持续发展。

（五）城市规划部门与其他相关部门的关系

在地方人民政府设置的分管不同事务的多个行政主管部门中，城市规划行政主管部门与其他行政主管部门是平行的职能机构。各个机构依据法律授权或城市人民政府的指定，各有其主管的事务范畴，互不覆盖。各部门应当各司其职，互不越权。但是，城市规划与计划、土地、交通、房产、环保、环卫、防疫、文化、水利等许多方面的工作都有密切的关系。各行政主管部门的工作需要相互衔接和配合。各行政主管部门的行政行为均是代表政府的行为，要体现行政统一的原则。这就要求：

①各级主体所制定的行政法规的内容要相互协调、衔接，不能相互抵触和冲突，不同主体制定的行政法规要根据《中华人民共和国立法法》的规定，遵守立法的内在等级秩序。

②各级各类行政主管部门的行政活动要严格按照法定程序来进行，及时沟通联系；并且一旦行政行为确立后，非经法定程序改变，无论是管辖该事

务的主体，还是它的上级行政主体或下级行政主体，以及其他行政主体，都要受其内容的约束，不得做出与之相抵触或相互矛盾的另一行政行为。

但是必须注意到，城市规划最重要的特征之一在于它的综合性。它不仅要考虑城市土地使用、道路交通，各种市政设施系统、人文环境和自然环境的保护，各种物质要素在三维空间上的协调，还要考虑城市经济、社会、环境的变化和发展，几乎涉及到城市各个职能部门。因此，在制定和实施城市规划的过程中，城市规划行政主管部门应主动与相关部门协调，相关部门也应该维护城市规划的严肃性，城市规划行政主管部门的法定职能不应被肢解或削弱。1999年温家宝副总理在全国城乡规划工作会议上的讲话指出："在规划区范围内，各项专项规划都要服从总体规划。城乡总体规划应当和国土规划、区域规划、江河流域规划、土地利用总体规划相互衔接和协调。在城市规划区内、村庄和集镇规划区内，各种资源的利用要服从和符合城市规划、村庄和集镇规划。"

### 三、城市规划的地位和作用

（一）城市规划的地位

城市是国家或一定区域的政治、经济、文化中心，是我国社会主义物质文明和精神文明建设和发展的主要载体。1984年中共中央十二届三中全会通过的《关于经济体制改革的决定》指出："城市是我国经济、政治、科学技术、文化教育的中心，是现代工业和工人阶级集中的地方，在社会主义现代化建设中起着主导作用。"这是对城市功能和作用的高度概括。

城市的建设和发展是一项庞大的系统工程，而城市规划是引导和控制整个城市建设和发展的基本依据和手段。城市规划的基本任务，是根据一定时期经济社会发展的目标和要求，确定城市性质、规模和发展方向，统筹安排各类用地及空间资源，综合部署各项建设，以实现经济和社会的可持续发展。城市规划是城市建设和发展的"龙头"，是引导和管理城市建设的重要依据。建国以来，伴随经济社会的发展，我国城市规划工作从无到有，逐步发展，特别是改革开放以来获得了长足的进步，取得了显著成绩。城市规划工作在我国城市建设和发展中的"龙头"地位逐步得到确立，在经济社会发展中发挥着越来越重要的作用。

党中央、国务院的对城市规划工作高度重视。自改革开放以来，多次下发文件，要求各地各级政府正确认识城市规划，采取有效措施，切实加强城市规划工作。1978年，《中共中央关于加强城市建设工作的意见》指出："城市规划是一定时期内城市发展的计划，是城市各项建设工程设计和管理的依据"。1984年党的十二届三中全会通过的《关于经济体制改革的决定》明确要求"城市政府应该集中力量做好城市的规划、建设和管理"。1996

年，国务院发出《关于加强城市规划工作的通知》，指出"城市建设和发展，对建立社会主义市场经济体制，促进经济和社会协调发展关系重大。城市规划是指导城市合理发展，建设和管理城市的重要依据和手段"，要求各地人民政府及其主要负责人要"切实发挥城市规划对城市土地及空间资源的调控作用，促进城市经济和社会的协调发展。"1999年，温家宝副总理在全国城乡规划工作会议上所做的重要讲话中指出，城乡规划和建设是社会主义现代化建设的一个重要组成部分。城乡规划是一项全局性、综合性、战略性很强的工作，涉及政治、经济、文化和社会生活等广泛领域。城乡规划是城乡建设和发展的"蓝图"，是管理城市和乡村建设的重要依据。提高规划工作的水平，把我国的城市和村庄规划、建设、管理好，对于实现现代化的宏伟目标，具有重要的现实意义和长远意义。2000年，国务院办公厅下发了《关于加强和改进城乡规划工作的通知》，进一步明确了新时期规划工作的重要地位："城乡规划是政府指导和调控城乡建设和发展的基本手段，是关系我国社会主义现代化建设事业全局的重要工作"。这些文件和讲话精神，既表明了建国以来尤其是社会发展的重要时期党和国家对城市规划工作的重视，也反映了各个历史时期我国城市规划工作地位和作用，随着经济社会的发展而得到进一步加强。

无论从世界各国，还是从我国建国以来各个历史时期的情况来看，城市规划均被作为重要的政府职能。从一定意义上说，城市规划体现了政府指导和管理城市建设与发展的政策导向。改革开放以来，随着社会主义市场经济体制的逐步建立和完善，政治和行政体制的改革，城市政府职能由计划经济体制下的直接干预和管理经济，逐步转变为政策制定和公共事务管理与服务。城市规划在政府职能中居于越来越重要的地位。城市规划以其高度的综合性。战略性、政策性和特有的实施管理手段，在优化城市土地和空间资源配置，合理调整城市布局，协调各项建设，完善城市功能，有效提供公共服务，整合不同利益主体的关系，从而实现城市经济，社会的协调和可持续发展，维护城市整体和公共利益等方面，发挥着愈益突出的作用。城市规划日益成为市场经济条件下政府引导和调控城市经济和社会发展的重要手段。

（二）城市规划的作用

城市规划的基本作用，就是通过科学编制和有效实施城市规划，合理安排城市土地和空间资源的利用，综合部署各项建设，从而使城市的各项构成要素相互协调，保证经济社会的协调和有序发展。城市规划对于城市建设和发展的作用，可以从多方面，多角度去认识，主要的是综合和协调作用，控制和引导作用。

1. 城市规划的综合和协调作用

城市规划的一个显著特点，是具有高度的综合性和协调能力。城市是一个十分复杂的社会巨系统，从空间上来说，它涵盖了政治、经济、文化和社会生活等各个领域，涉及各个部门，各行各业，包括了各项设施和各类物质要素。从时间上来说，城市的建设和发展是一个漫长而逐步演变的过程。城市各个组成部门、各个方面对于城市资源的使用和开发建设行为，城市建设和发展的各种影响因素，都会直接或间接地反映到城市空间中来，且往往彼此之间存在着矛盾和冲突。城市规划依据城市整体利益和发展目标，综合考虑城市经济、社会和资源、环境等发展条件，结合各方面的发展需求，在空间上，通过合理布局，统筹安排和综合部署各项用地和建设，合理组织城市中各种要素，协调各方面的关系；在时间上，在保持历史、文化传统延续性的基础上，正确处理城市远期发展和近期建设的关系，安排好城市开发建设的步骤和时序。通过规划的有效和持续的实施，把各部门和各方面的行为和活动统一到城市发展的整体目标和合理的空间架构上来。城市规划具有对于城市时空发展的高度综合性和协调性，它通过综合和协调城市各个部门在城市建设和发展方面的决策，实现城市经济和社会的协调和可持续发展。

2. 城市规划的控制和引导作用

城市规划的基本功能和作用，是通过有效的管理手段和政策引导，控制和规范土地利用和开发建设行为。在计划经济条件下，由于计划管理具有较强的调控作用，社会结构和利益主体相对比较单一，城市规划作为国民经济计划的延伸和具体化，其主要作用是通过编制和实施规划，将国民经济计划落实在地域空间上。在社会主义市场经济条件下，随着经济体制的转变，市场经济机制在资源配置和经济社会发展中发挥着主要作用，投资主体和利益主体日趋多元化。市场经济自发作用的盲目性，各个利益主体对自身利益的追求，往往对城市整体利益和公众利益构成负面影响。传统的计划管理手段难以对这一局面进行有效控制，而依据城市规划，运用法定的带有强制性的规划管理手段，能够有效控制和修正有可能危害城市整体利益和公众利益的建设行为。通过经济、行政和政策调控等种种方式，将开发建设活动引导到城市规划确立的发展轨道上来，从而保证市场经济和城市建设的有序、有效运行，维护城市全局和公共利益。城市规划特有的控制和引导作用，使城市规划成为政府对市场经济进行干预和调控的重要手段。

# 第二章 现代城市规划的理论与实践

## 第一节 现代城市规划科学的产生和发展历程

城市规划具有悠久的历史，可以一直追溯到两千多年以前，从古希腊亚里士多德所记载的米利都城规划，到中国的《考工记》中的相关记载，都总结了城市规划在人类社会早期的成就；但作为一门科学和一项社会实践的现代城市规划学科，在20世纪初才得以确立并在世界范围的实践中得到发展。现代城市规划的实践揭示了城市规划只有成为一项社会的实践活动，城市规划的思想、理念、原则和具体的内容才能得到真正的贯彻和实现。

### 一、现代城市规划的形成和初期发展

现代城市规划主要是针对工业城市的发展，在认识工业城市问题的同时，提出相应的解决方法，并由此而构筑了现代城市规划的基本框架。18世纪，在英国开始的工业革命极大地改变了人类居住地的模式，城镇化进程迅速推进。由于工业生产方式的改进和交通技术的发展，使得城市不断集中，城市人口快速增长，同时，资本主义制度的建立和农业生产劳动率的提高，以及圈地法的实施，又迫使大量破产农民向城市集中，各工业国家都出现了中心城市的快速增长，各类城市都面临着同样的人口爆炸性的增长问题。人口急剧增长，使得原有城市中的居住设施严重不足，人口密度极高，而基础设施严重缺乏，基本的通风和采光条件得不到满足，公共厕所、垃圾站等严重短缺，排水系统年久失修且容量严重不足，造成粪便和垃圾堆积，导致了传染疾病的流行。

19世纪中叶，英国城市，尤其是伦敦和一些工业城市所出现的种种问题，迫使英国政府采取一系列的法规来管理和改善城市的卫生状况。在这些法规中，提出了一系列控制大城市结构和强化城市建设管理的内容、方法和措施。在同一时期，一些早期的空想社会主义思想家的主张得到了社会的重视。欧文和傅立叶等人在19世纪初所阐述的一些思想和方法，也得到了广泛的推崇和部分的实践。他们从解决最广大的劳动者的工作和生活等问题出发，从城市整体的重新组织入手，将城市发展问题放在更为广阔的社会背景中进行考察，并且将城市物质环境的建设和对社会问题的考虑结合在一起，

从而能够解决更为实在和较为全面的城市问题，由此引起了建筑师、设计师和社会改革者的热情和想象。在这样的基础上，出现了许多城市发展的新设想和新方案。

在19世纪末和20世纪初，出现了一系列有关城市未来发展方向的讨论和设想。在这些设想中，英国的霍华德（E. Howard）和法国的柯布西耶（Le Corbusier）所提出的设想代表了两种完全不同的思想。这两种思想在世纪初就基本上界定了现代城市规划发展的两种基本的方向。与此同时，还有其他的种种思想和理论，也补充和完善了对城市问题和城市发展的思考。在此基础上，确立起了现代城市规划的完整体系。

霍华德于1898年出版了以《明天：通往真正改革的平和之路》为题的论著，提出了一个兼有城市和乡村优点的理想城市——田园城市（Garden City）的概念。他希望通过在大城市周围建设一系列规模较小的城市来解决大城市拥挤和不卫生问题。这一思想基本确立了现代城市规划的思想体系和规划理念。田园城市按霍华德后来的定义是指"为健康、生活以及产业而设计的城市，它的规模能足以提供丰富的社会生活，但不应超过这一程度；四周要有永久性农业地带围绕，城市的土地归公众所有，由一委员会受托管理"。根据霍华德的设想，田园城市包括城市和乡村两个部分。城市四周为农业用地围绕，作为永久保留的绿地，农业用地永远不得改作他用。田园城市的居民生活于此，工作于此，在田园城市的边缘地区设有工厂企业。城市的规模必须加以限制。每个田园城市的人口限制在三万人，超过了这一规模，就需要建设另一个新的城市。从而达到"把积极的城市生活的一切优点同乡村的美丽和一切福利结合在一起"的目的（图2-1-1）。霍华德于1899年组织了田园城市协会，宣传他的主张。1903年组织了"田园城市有限公司"，筹措资金，在距伦敦东北56公里的地方购置土地，建立第一座田园城市——莱彻沃斯（Letchworth）。

柯布西耶在1920—1930年代发表了大量的著作，提出了有关现代城市发展与规划的思想。他认为，城市必须集中，只有集中的城市才有生命力，由于拥挤而带来的城市问题，是完全可以通过技术手段进行改造而得到解决的。这种技术手段就是采用大量的高层建筑来提高密度和建立一个高效率的城市交通系统。他认为，高层建筑在技术上提供了"人口集中，避免用地日益紧张，提高城市内部效率的一种极好手段"，而且可以保证有充足的阳光、空间和绿地。因此，在高层建筑之间必须保持较大比例的空旷地。他的理想是在机械化的时代里，所有的城市应当是"垂直的花园城市"，而不是水平向的每家每户拥有花园的田园城市（如霍华德所提出的那样）。城市的道路系统应当提供给行人以极大方便，这种系统由地铁和人车完全分离的高架

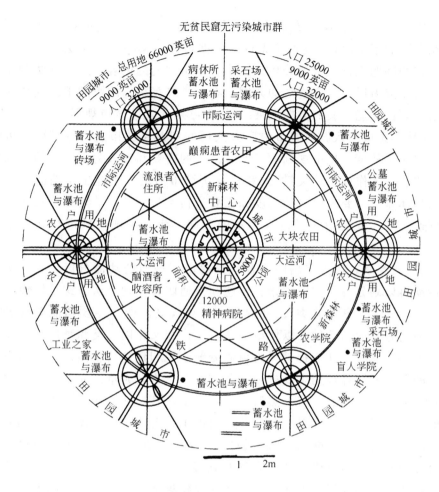

图 2-1-1 霍华德田园城市的图解

道路组成。建筑物的地面全部架空，城市的全部地面均可由行人支配，建筑物的屋顶设花园，地下通地铁，距地面5米高处设汽车运输干道和停车场网。柯布西耶在这些规划设想中所运用的技术准则，为此后的城市规划发展确立了合理性的标准，而其所倡导的城市集中发展的方法，是二次大战以后城市高层建筑的快速发展的先导和理论基础。对城市规划的发展影响最大的则是理性功能主义城市规划思想，这些思想集中体现在由他主张撰写的《雅典宪章》之中，并深刻地影响了一次世界大战后的全世界的城市规划和城市建设。

**二、1960年代以前的相关发展**

从20世纪20年代开始，现代城市规划的发展基本上是在现代建筑运动的框架中发展和壮大起来的。1928年，欧洲的一些建筑师集会组织了国际现代建筑会议（CIAM）。1933年召开的第四次会议的主题是"功能城市"。

在这次会议上，对34个欧洲城市进行了比较分析，在此基础上形成了《雅典宪章》的基本内容。《雅典宪章》依据理性主义的思想方法，对城市中普遍存在的问题进行了全面分析，提出了城市规划的内容、工作方法和指导思想，从而成为现代城市规划的大纲。在《雅典宪章》的影响下，现代城市规划沿着理性功能主义的方向发展，是1960年代之前城市规划发展的主流。

《雅典宪章》认识到城市中广大人民的利益是城市规划的基础，因此它强调"对于从事于城市规划的工作者，人的需要和以人为出发点的价值衡量是一切建设工作成功的关键"，并从分析城市活动入手提出了功能分区的思想和具体做法，要求以人的尺度和需要来估量功能分区的划分和布置，为现代城市规划的发展指明了以人为本的方向，建立了现代城市规划的基本内涵。

《雅典宪章》最为突出的内容就是提出了城市的功能分区。它认为，城市活动可以划分为居住、工作、游憩和交通四大活动，认为这是城市规划研究和分析的"最基本分类"，并提出"城市规划的四个主要功能要求各自都有其最适宜发展的条件，以便给生活、工作和文化以分类和秩序化。每一主要功能都有其独立性，都被视为可以分配土地和建造的整体，并且所有现代技术的巨大资源都被用于安排和配备它们"。《雅典宪章》通过对城市整体的分析，对城市活动的分解，然后对各项活动及其用地，在现实的城市中所存在的问题予以揭示，针对这些问题，提出了各自改进的具体建议，同时建立一个联系三者的交通网"；然后通过一个简单的模式，将这些已分解的部分结合在一起，从而复原成一个完整的城市。

在20世纪60年代以前，除了在现代建筑运动的引领下，城市规划得到了发展之外，其他相关学科和城市规划领域内的其他方面，也同样拓展了现代城市规划的理论基础，促进了城市规划学科和实践的发展，其中主要体现在区域研究、社会人文学科的发展和对基础设施方面的研究。

### 三、1960年代以后的发展

现代城市规划发展至20世纪50年代末60年代初，发生了一次重要变革，这一变革改变了城市规划的基本思想和发展路径，实现了城市规划整体结构的一次转变。进入60年代后，西方各国的城市进入了相对稳定的发展阶段，各类城市都已拥有了能够指导城市建设和发展的城市规划，或者能起相同作用的其他法律文本，如区划法规等。与此同时，社会运动的风起云涌，学术领域多元化思潮的蓬勃兴起，更加重视对城市中人的主体地位及其行为的重新认识，以及社会经济和科学技术的迅速发展，对城市规划的发展起了重要的推动作用。在这样的状况之下，城市规划针对由现代建筑运动所倡导的、以《雅典宪章》为代表的理性主义功能论的思想，在理论和实践中所面临的困境。从社会整体发展的角度，提出了一系列新的思想和新方法，其实质在于使城市规划更加适应当代城市发展的现实，更好地引导城市的发展。与此同时，"城市研究"作为一个学科群的兴起和广泛开展，为城市规划的发展提供了多维的视野。通过城市研究，过去在各个单一的学科领域内形成、建立和发展起来的各种理论得到了综合，各门学科及其理论为城市规划所重视，改变了过去城市规划只关注城市物质空间，受物质空间决定论所局限的状况，为城市规划对实际问题的全面研究和处理提供了相应的理论基础和手段。

70年代后期，国际建协鉴于当时世界城镇化趋势和城市规划过程中出现的新内容，于1977年在秘鲁的利马召开了国际性的学术会议。在总结近半个世纪，尤其是二次世界大战后的城市发展和城市规划思想、理论和方法的演变，展望城市规划进一步发展的基础上，发表了《马丘比丘宪章》。该宪章申明，《雅典宪章》仍然是这个时代的一项基本文件，它提出的一些原理今天仍然有效，但随着时代的进步，城市发展面临着的环境，而且人类对城市规划也提出了新的要求，《雅典宪章》的一些指导思想已不能适应当前形势的发展变化，因此需要修正。

《马丘比丘宪章》强调了人与人之间的相互关系对于城市和城市规划的重要性，并将理解和贯彻这一关系视为城市规划的基本任务。"我们深信人的相互作用与交往是城市存在的基本根据。城市规划……必须反映这一现实"。在考察了当时城镇化快速发展和遍布全球的状况之后，要求将城市规划的专业和技术应用到各级人类聚居点上，即邻里、乡镇、城镇、都市地区、区域、国家和洲，并以此来指导建筑。而这些规划都"必须对人类的各种需求做出解释和反应"，并"应该按照可能的经济条件和文化意义提供与人民要求相适应的城市服务设施和城市形态。"《马丘比丘宪章》提出，《雅典宪章》所崇尚的功能分区"没有考虑城市居民人与人之间的关系，结果是城市患了贫血症，在那些城市里建筑物成了孤立的单元，否认了人类的活动要求流动的、连续的空间这一事实"，指出"在今天，不应当把城市当作一系列的组成部分拼在一起考虑，而必须努力去创造一个综合的、多功能的环境"。并且强调"在1933年，主导思想是城市和城市的建筑分成若干组成部分，在1977年，目标应当是把已经失掉了它们的相互依赖性和相互关联性，并已经失去其活力和涵义的组成部分重新统一起来"。而且《马丘比丘宪章》认为城市是一个动态系统，要求"城市规划师和政策制定人必须把城市看做为在连续发展与变化的过程中的一个结构体系"。因此，"区域和城市规划是个动态过程，不仅要包括规划的制定，而且也要包括规划的实施。这一过程应当能适应城市这一有机体的物质和文化的不断变化"。

自1960年代中期开始，公众参与城市规划成为城市规划发展的一个重要内容，同时也成为此后城市规划进一步发展的动力。大卫多夫（P. Davidoff）在1960年代初提出的"规划的选择理论"和"倡导性规划"概念，就成为城市规划公众参与的理论基础。大卫多夫从不同的人和不同的群体具有不同的价值观的多元论思想出发，认为规划不应当以一种价值观来压制其他多种价值观，而应当为多种价值观的体现提供可能。规划师就是要表达不同的价值判断，并为不同的利益团体提供技术帮助。城市规划的公众参与，就是在规划的过程中，要让广大的城市市民，尤其是受到规划内容所影响的市民参加规划的编制和讨论。规划部门要听取各种意见并且要将这些意见尽可能地反映在规划决策之中，成为规划行动的组成部分。

《马丘比丘宪章》还强调了对自然资源和环境的保护，文物和历史遗产的保存和保护，提出了一些重要的思想和建议。

总之，由于工业化造成城市人口急剧膨胀，从而引发了城市种种问题，在寻求解决这些城市问题的途径中诞生了现代城市规划理论。

在城市建设的经验总结基础上，人们进而对城市问题进行了理性的分析，提出了城市功能分区的理论，同时认识到应从城市之外更广阔的地域来研究城市问题。

然而，作为人类高度聚集的城市，人的需求是多元的，人的互相作用和交往是城市存在的基本依据，城市规划理论从理性主义进一步升华为以人为主体创造综合、多功能的环境，为此提出了城市规划必需公众参与的理念。

一百多年来，现代城市规划的理论在实践中不断总结和发展，这是一切应用科学普遍的现象。当前，我国在从计划经济转向市场经济的转轨过程中，必然同样会遇到许多问题，需要不断总结经验，不断地发展。

## 第二节 现代城市规划理论的基本框架

城市规划发展的历史告诉我们，城市规划与城市及其所在国家的社会、经济、政治等方面直接相关。城市规划所处理的内容实际上涉及到一个庞大的社会系统，面对这样的庞大系统，仅凭感觉和感性认识来展开工作，显然是不适宜的，而要认识城市发展在其纷杂的表面行为之下所蕴含的规律性，科学地预测和预想城市的未来发展，就必须运用理论和理性思维，从而来保证城市规划的科学性和合理性，这也就是城市规划理论形成和发展的主要原因。

在现代城市规划领域中，根据各种理论所涉及的内容，可以归纳为三个部分：一是功能理论（function theory），它主要从城市系统本身，解释城市的形态和结构，以实现城市的功能，这通常指城市规划工作中所应遵循的原理。二是决策理论（decision theory），它主要是系统地分析城市的自然、经济、社会和历史等因素，以确定城市的主导职能（性质），城市发展的可能规模和城市发展方向。这里包括系统的分析方法论，如何进行科学的决策。三是规范理论（normative theory），它主要是阐明城市规划中的价值目标和城市空间形态之间的关系。例如，城市规划应达到区域整体协调，可持续发展，生态城市、公平公正之类的价值取向。

把以上理论体系所包括的内容进行归类，建立一个理论框架。但实际各种城市规划理论家们在研究。阐述其理论观点的著作中，往往同时包括了上述的三个方面，虽然各有侧重点，或揭示城市发展演变的规律，或分析城市的空间形态结构，或研究城市规划中的系统分析的理论和方法，但往往并能将它们截然分开。

## 一、现代城市发展的理论研究

现代城市的发展是社会、经济、政治等多方面因素共同作用的结果。在对城市发展规律的研究中出现了许多有关城市发展的理论，这些理论揭示并解释了决定城市发展的主要因素。可以设想的是，任何社会科学都会有一套城市发展的理论。在每一门社会科学内部，任何一门学术流派都会有其研究城市的视角，从而构筑出不同的城市发展理论。在这些理论中，或多或少地解释了城市发展中的基本过程及其发展演变的规律。正由于如此，它们也仅仅解释了城市发展中的某一部分或某一方面。通过对各类学科及其各个方面对城市发展的主要理论的学习，可以为城市的发展建立一种多视角的认识，从多方面来认识城市的发展。

### （一）城市发展理论

现代城市发展的最基本动力是工业化。大机器生产的出现，在短时间内改变了城市的经济状况。城市中工厂的规模开始扩大，同时，沿着城市主要交通线路不断开设新的工厂。大量的农业人口进入城市，使城市中出现了产业大军，也出现了高密度的人口集聚。从16世纪后期开始，工业的发展开始支配城市的发展。

1. 城市发展的区域理论认为：城市是区域环境中的一个核心。无论将城市看做是一个地理空间，或是一个经济空间，还是一个社会空间，城市的形成和发展始终是在与区域的相互作用过程中逐渐进行的，是整个地域环境的一个组成部分，是一定地域环境的中心。因此，有关于城市发展的原因就需要从城市—区域的相互作用中去寻找。世界城镇化发展的历史已经证明：城市的中心作用强，带动周围区域社会经济的发展；区域社会经济水平高，则促使中心城市更加繁荣。对这一现象，佩鲁（F. perrroux）于1950年提出的增长核理论提供了很好的解释。该理论认为：城市对周围区域和其他城市的作用是既不平衡；也不同时进行，一般来说，城市作为增长极与其腹地的基本作用机制有极化效应和扩散效应。极化效应是指生产要素向增长极集中的过程，表现为增长极的上升运动。在城市成长的最初阶段，极化效应会占主导地位，但当增长极达到一定的规模之后，极化效应会相对或者绝对减弱，扩散效应会相对或绝对增强，最后，扩散效应就替代极化效应而成为主导作用。

2. 城市发展的经济学理论认为，在影响和决定城市发展的诸多因素之中，城市的经济活动是其中最为重要和最为显著的因素之一。任何有关于城市经济在质和量上的增加，都必然导致城市整体的发展，但在组成城市经济的种种要素中，究竟是怎样的因素，才是促进城市经济整体发展的最根本要素，这个问题才是真正认识城市发展的关键。在众多相关的理论中，经济基础理论揭示了影响城市经济发展的基础。根据这一理论，在城市经济中，可以把所有的产业划分为两个部分：基础产业和服务性产业。基础产业除少量供应当地消费之外，主要是为满足城市以外地区的需要而进行；而服务性产业主要是满足本城市居民的消费需要。基础产业把城市内生产的产品输送到其他地区，同时也把其他地区的产品及财富带到本城市之中，使其能够进一步的扩大再生产，并通过所产生的乘数效应，促进辅助性行业的增长，同时还促进地方服务部门的发展，因而促成当地经济整体性的发展。因此，基础产业是城市经济力量的主体，它的发展是城市发展的关键。

3. 城市发展的人文生态学理论认为：城市不仅是一个经济系统，也是一个人文系统，因此，城市发展的原因也同样可以从人文生态的层面去探究。人文生态学认为：人类社会的发展规律和社会运行的特征与自然生态的规律和特征有着明显的相似性，因此，决定人类社会发展的最重要因素也可以看成是人类的相互依赖和相互竞争。相互竞争导致了追求生产效率而进行了社会分工，社会分工同时又促进了相互之间的依赖，相互依赖则既强化了社会分工，又使社会紧密团结在一起，在这样的基础上促使人类在空间上集中。互相依赖和互相竞争是人类社区空间关系形成的决定性因素，同样也是其进一步发展的决定性因素。

4. 城市发展的交通通讯理论认为：城市在经济增长、社会因素发生变化的过程中得到发展，同时，城市各类物质设施由于科学技术水平的提升而得到发展。促进城市发展的最典型例子是交通设施的发展。从步行交通到马车交通，再到铁路和汽车交通，直至当今的远距离通讯设施的完善和广泛运用，都促进了城市的整体和全面发展。古登堡（A. Z. Guttenberg）于1960年发表论文揭示了交通设施的可达性与城市发展之间的相互关系。所谓可达性就是交通设施通达的方便程度。1962年，梅耶（B. L. Meier）出版了《城市发展的通讯理论》（A Communications Theory of Urban Growth）一书，提出了关于城市发展的通讯理论。他认为交通及通讯是人类相互作用的媒介。城市的发展主要是起源于城市为人们提供面对面交往或交易的机会，但后来，一方面由于通讯技术的不断进步，渐渐地使面对面交往的机会减少，另一方面，由于城市交通系统普遍产生拥挤的现象，使通过交通系统进行相互作用的机会受到限制。因此，城市居民逐渐地以通讯来替代交通以达到相互作用的目的。在这样的条件下，城市的主要聚集效益在于使居民可以接近信息交换中心以及便利居民的互相交往。

（二）城市的分散发展和集中发展理论

现代城市的发展存在着两种主要的趋势，即分散发展和集中发展。对城市发展的理论研究中，也主要针对着这两种现象而展开。这在前面介绍的霍华德的田园城市和柯布西埃的现代城市设想中已有表述。相对而言，城市分散发展更需要得到理论研究的重视，因此出现了许多比较完整的理论陈述，而有关于城市集中发展的理论研究则主要是对现象的解释，还缺少完整的理论陈述。

1. 城市的分散发展

城市的分散发展理论都是建立在通过建设小城市来分散大城市的基础之上，其中主要的理论包括了田园城市、卫星城和新城的思想和有机疏散理论等。

霍华德于1898年提出了田园城市的设想，田园城市尽管在20世纪初得到了初步的实践，但在实际的运用中，分化为两种不同的形式：一种是指农业地区的孤立小城镇，自给自足；另一种是向城市郊区，自由发展。前者的吸引力较弱，也形不成如霍华德所设想的城市群，难以发挥其设想的结果；后者显然是与霍华德的意愿相违背的，它只能促进大城市无序地向外蔓延。在这样的状况下，到20世纪20年代，曾在霍华德的指导下主持完成第一个田园城市莱彻沃斯规划和进行建筑设计的恩温（R. Unwin）提出了卫星城理论，并以此来继续推行霍华德的思想。恩温认为，霍华德的田园城市在形式上有如围绕在行星周围的卫星。因此，他在考虑伦敦地区的规划时，建议围绕着伦敦周围建立一系列的卫星城，并将伦敦过度密集的人口和就业岗位疏散到这些卫星城中去，并通过著述和设计活动竭力推进他的卫星城理论。1924年，在阿姆斯特丹召开的国际城市会议上，霍华德提出了建设卫星城是防止大城市过大的一个重要方法。从此，卫星城便成为一个在国际上通用的概念。在这次会议上，他明确提出了卫星城市的定义：卫星城市是一个经济上、社会上、文化上具有现代城市性质的独立城市单位，但同时又是从属于某个大城市的派生产物。但卫星城概念强化了与中心城市（又称母城）的依赖关系，强调中心城的疏解，因此往往被视作为中心城市某一功能疏解的接受地，并出现了工业卫星城、科技卫星城甚至卧城等不同的类型，希望使之成为中心城市功能的一部分。经过一段时间的实践，人们发现这些卫星城带来的了一些问题，原因在于对中心城市的过度依赖。卫星城应具有与大城市相近似的文化福利设施配套，可以满足居民的就地工作和生活需要，从而形成一个职能健全的相对独立的城市。至20世纪50年代以后，人们对于这类按规划设计建设的新建城市统称为新城（new town），一般已不称为卫星城。新城的概念更强调了新城市的相对独立性，它基本上是一定区域范围内的中心城市，为其本身周围的地区服务，并且与中心城市发生相互作用，成为城镇体系中的一个组成部分，对涌入大城市的人口起到一定的截流作用。

沙里能（E. Saarinen）认为卫星城确实是治理大城市问题的一种方法，但他认为并不一定需要另外新建城市，而可以通过它本身的定向发展来达到同样的目的。因此，他提出对城市发展及其布局结构进行调整的有机疏散理论。他在1942年出版的《城市：它的发展、衰败和未来》一书就详尽地阐述了这一理论。

2．城市集中发展理论

城市集中发展理论的基础在于经济活动的聚集，这也是城市经济的最根本特征之一。正如恩格斯在描述当时全世界的商业首都伦敦时所说的那样"这种大规模的集中，250万人这样聚集在一个地方，使这250万人的力量增加了100倍"。在这种聚集效应的推动下，人口不断地向城市集中，城市发挥出更大的作用。

城市的集中发展到一定程度之后出现了大城市现象，这是由于聚集经济的作用而使大城市的中心优势得到了广泛的实现所产生的结果。随着大城市的进一步发展，出现了规模更为巨大的城市现象，即出现了世界经济中心城市，也就是所谓的世界城市（国际城市或全球城市）等。1966年，豪尔（P. Hall）针对二次世界大战后世界经济一体化进程，看到并预见到一些世界大城市在世界经济体制中将担负越来越重要的作用，着重对这类城市进行了研究并出版了《世界城市》一书。在书中，他认为世界城市具有以下几个主要特征：①世界城市通常是政治中心。②世界城市是商业中心。③世界城市是集合各种专门人才的中心。④世界城市是巨大的人口中心。⑤世界城市是文化娱乐中心 1986年，弗里德曼（J.Friedmann）发表了《世界城市假说》（The World City Hypothesis）的论文，强调了世界城市的国际功能决定于该城市与世界经济一体化相联系的方式与程度的观点，并提出了世界城市的七个指标：①主要的金融中心；②跨国公司总部所在地；③国际性机构的集中地；④商业部门（第三产业）的高度增长；⑤主要的制造业中心（具有国际意义的加工工业等）；⑥世界交通的重要枢纽（尤指港口和国际航空港）；⑦城市人口规模达到一定标准。

大城市的进一步向外急剧扩展，城市出现明显的郊迁化现象以及城市密度的不断提高，在世界上许多国家中出现了空间上连绵成片的城市密集地区，即：城市聚集区（urban agglomeration）和大城市带（megalopolis）。联合国人类聚居中心对城市聚集区的定义是：被一群密集的、连续的聚居地所形成的轮廓线包围的人口居住区，它和城市的行政界线不尽相同。在高度城镇化地区，一个城市聚集区往往包括一个以上的城市，这样，它的人口也就远远超出中心城市的人口规模。大城市带的概念是由法国地理学家戈德曼（J.Gottmann）于1957年提出的，指的是多核心的城市连绵区，人口的下限是2500万人，人口密度为每平方公里至少250人。

**3．城镇形成网络体系的发展理论**

城市的分散发展和集中发展只是表述了城市发展过程中的不同方面，任何城市的发展都是这两个方面的作用的综合，或者说，是分散与集中相互对抗而形成的暂时平衡状态。因此，只有综合地认识城市的分散和集中发展，并将它们视作为同一过程的两个方面，考察城市与城市之间、城市与区域之间以及将它们作为一个统一体来进行认识，才能真正认识城市发展的实际状况。

城市是人类进行各种活动的集中场所，通过交通和通讯网络，使物质、人口、信息等不断从城市向各地，从各地向城市流动。城市对区域的影响类似于磁场效应，随着距离的增加，城市对周围区域的影响力逐渐减弱，并最终被附近其他城市的影响所取代。每个城市影响的地区大小，取决于城市所能够提供的商品、服务及各种机会的数量和种类。不同规模的城市及其影响的区域组合起来就了城市的等级体系。在其组织形式上，位于国家等级体系最高级的是具有国家中心地位的大城市，它们拥有最广阔的腹地，在这些大城市的腹地内包含若干个等级体系中间层次的区域中心城市。在每一个区域中心腹地，又包含着若干个位于等级体系最低层次的小城市，它们是周围地区的中心。

城镇间的相互作用，都要借助于一系列的交通和通讯设施才能实现。这些交通和通讯设施所组成的网络的多少和方便程度，也就赋予了该城市在城市体系中的相对地位。旨在揭示城市空间组织中相互作用特点和规律，也是城市相互作用模型，深受理论研究者的重视。在众多的理论模式中，引力模型是其中最为简单、使用最为广泛的一种。引力模型是根据牛顿万有引力规律推导出来的。该模型认为，两个城市的相互作用与这两个城市的质量（可以城市人口规模或经济实力为代表)成正比,与它们之间的距离平方成反比。

城市体系就是指一定区域内城市之间存在的各种关系的总和。城市体系的研究起始于格迪斯对城市——区域问题的重视,后经芒福德等人的努力,至20世纪60年代才作为一个科学的概念而得到研究。格迪斯、芒福德等人是从思想上确立了区域城市关系是研究城市问题的逻辑框架。克里斯泰勒(W. Christaller)于1933年发表的中心地理论揭示了城市布局之间的现实关系。贝利(B. Berry)等人结合城市功能的相互领事依赖性、城市区域的观点、对城市经济行为的分析和中心地理论等,逐步形成了城市体系理论。贝利认为,城市应当被看做为由相互作用的互相依赖部分组成的实体系统,它们可以在不同的层次上进行研究,而且它们也可以被分成各种次系统,任何城市环境的最直接和最重要的相互作用关系是由其他城市所决定的,而这些城市也同样构成了系统。目前普遍接受的观点认为:完整的城市体系分析包括了三部分的内容,即特定地域内所有城市的职能之间的相互关系、城市规模上的相互关系和地域空间分布上的相互关系。

### 二、城市土地使用布局结构理论

就城市土地使用而言,城市土地的自然状况具有惟一性和固定性,由于城市的独特性,城市土地使用在各个城市中都具有各自的特征。但是它们之间也有共同的特点和运行的规律,也就是说,在城市内部,各类土地使用之间的配置具有一定的模式。为此,许多学者对此进行了研究,提出了许多的理论。根据R. Murphy的观点,所有这些理论均可归类于同心圆理论、扇形理论和多核心理论之中。这三种理论具有较为普遍的适用性,但很显然它们并不能用来全面解释所有城市的土地使用和空间状况,巴多(Bardo)和哈特曼(Hartman)对此的评论似乎是比较恰当的。他们认为"最合理的说法是没有哪种单一模式能很好地适用于所有城市,但这三种理论能够或多或少地在不同的程度上适用于不同的地区"。

(一)同心圆理论(Concentric Zone Theory)(图2-2-1)

这是由伯吉斯(E. W. Burgess)于1923年提出的。他试图创立一个城市发展和土地使用空间组织方式的模型,并提供了一个图示性的描述。根据他的理论,城市可以划分成5个同心圆的区域。

(二)扇形理论(Sector Theory)(图2-2-2)

这是霍伊特(H. Hoyt)于1939年提出的理论。他根据美国64个中小城市住房租金分布状况的统计资料,又对纽约、芝加哥、底特律、费城、华盛顿等几个大城市的居住状况进行调查,发现城市就整体而言是圆形的。城市的核心只有一个,交通线路由市中心向外呈放射状分布,随着城市人口的增加，城市将沿交通线路向外扩大，同一使用方式的土地从市中心附近开始逐渐向周围移动，由轴状延伸而形成整体的扇形。也就是说，对于任何的土地使用均是从市中心区既有的同类土地使用的基础上，由内向外扩展，并继续留在同一扇形范围内。

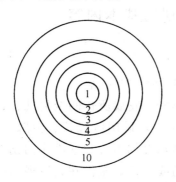
图 2-2-1 同心圆理论

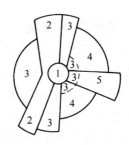
图 2-2-2 扇形理论

（三）多核心理论（Multiple-nuclei Theory）（图 2-2-3）

这里是哈里斯（C. D. Harris）和乌尔曼（E. L. Ullman）于 1945 年提出的理论。他们通过对美国大部分大城市的研究，提出影响城市中活动分布的四项基本原则：

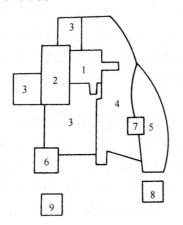

城市内部结构的布局方式：
1. 中央商务区
2. 批发和轻工业区
3. 低收入者居住区
4. 中产阶级居住区
5. 高收入者居住区
6. 重工业区
7. 外围商务区
8. 郊区居住区
9. 郊区工业区

图 2-2-3 多核心理论

①有些活动要求设施位于城市中为数不多的地区（如中心商务区要求非常方便的可达性，而工厂需要有大量的水源）；

②有些活动受益于位置的互相接近（如工厂与工人住宅区）；

③有些活动对其他活动会产生对抗或有消极影响，就会要求这些活动有

所分离（如高级住宅区与浓烟滚滚的钢铁厂不能毗邻）；

④有些活动因负担不起理想场所的费用，而不得不布置在不很合适的地方（如仓库被布置在冷清的城市边缘地区）。

# 第三节 现代城市规划的基本内容

## 一、城市发展战略

（一）城市发展战略和城市建设发展战略的概念

城市发展战略是对城市经济、社会、环境的发展所作的全局性、长远性和纲领性的谋划。例如上海城市发展战略是"建设国阮经济、金融、贸易、航运中心之一，初步建成社会主义现代化国际大都市"，"推进体制创新和科技创新，在加快发展中继续推进经济结构的战略性调整，在其发展基础上不断提高城乡人民生活水平，全面实施科教兴市战略和可持续发展战略，坚持依法治市，推进经济发展的和社会全面进步"。

城市发展战略包括的内容既宏观又全面，而城市建设发展战略是为实现城市发展战略，着重在城市建设领域提出相应的城市建设的目标、对策，并在物质空间上相应做出的全局性、长期性的谋划和安排。

（二）城市建设发展战略的背景研究

城市是一个开放的复杂巨系统，它在一定的系统环境中生存与发展。《雅典宪章》指出"城市与乡村彼此融洽为一体而各成为构成所谓区域单位的要素"，"城市是构成一个地理的、经济的、社会的、文化的和政治的区域单位的一部分，城市即依赖这些单位而发展"。因此，我们不能将城市离开它们所在的区域环境单独的研究。

经济、社会的发展是城市发展的基础，城市发展是由社会、经济、文化、科技等的内在因素和外部条件综合的结果。因此，城市发展战略的制定就必须在研究城市的区域发展背景、研究城市的经济、社会、文化、科技的发展的基础上，确立城市发展的目标，确定城市在一定时期内发展的城市的性质、职能，预测城市发展的可能规模（人口规模和用地规模），研究制定城市的空间布局、结构形态和发展方向。

《中华人民共和国城市规划法》第七条明确规定"城市总体规划应与国土规划、区域规划、江河流域规划、土地利用总体规划相协调"。因此，在对城市建设发展战略进行研究时，应以区域规划、城镇体系规划、国土规划、土地利用总体规划以及城市的经济社会发展计划等为背景，尤其对城市发展战略有关的内容要深入研究，以便正确确定城市建设发展战略。

（三）城市建设发展战略与城市总体规划

城市总体规划实质就是城市建设发展战略在地域和空间的落实，特别是在城市总体规划的纲要中，集中表达了城市建设发展战略的内容。

城市总体规划纲要主要内容有：

①论证城市国民经济发展条件，原则确定城市发展目标；

②论证城市在区域中的地位，原则确定市（县）域城镇体系的结构与布局；

③原则确定城市性质、规模、总体布局，选择城市发展用地，提出城市规划区范围的初步意见；

④研究确定城市能源、交通、供水等城市基础设施开发建设的重大原则问题；

⑤实施城市规划的重要措施。

（四）城市远景规划

《城市规划法》第十三条规定"编制城市规划必须从实际出发，科学预测城市远景发展的需要"，建设部制定的《城市规划编制办法》第十五条明确指出"城市总体规划的期限一般为二十年，同时应当对城市远景发展做出轮廓性的规划安排"。改革开放以来，我国的经济迅速发展，城市建设日新月异，常常使规划无法适应迅速变化的新情况，以至使规划修编的周期越来越短。另外，随着市场经济体制的形成，不确定因素增多，这些都也要求规划更加具有远见和有灵活性。例如，建国初期重庆就规划了江北机场，直到约三十年后机场才上马，正是当时超前安排并严格控制机场用地，才使重庆机场在20世纪80年代顺利建成。借鉴英国的结构规划、新加坡概念规划（Concept Plan 年限为 X 年）的经验，在编制规划中，对远景的发展做出安排应成为城市建设发展战略规划的重要内容。由于远景规划没有很明确规定，各地的做法、内容、深度也不一致，这都需要在实践中去探索，使之成熟起来。最近广州、南京等城市就概念规划进行了有益尝试。

## 二、城市性质和城市规模

（一）城市的性质和类型

城市性质是指城市在一定地区、国家以至更大范围内的政治、经济与社会发展中所处的地位和担负的主要职能。

正确的确定城市性质，对城市规划和建设非常重要，它是城市发展方向和布局的重要依据。在市场经济条件下，城市发展的不确定因素增多，城市性质的确定除了应充分分析对城市发展的条件、有利因素分析、确定城市承担的主要职能外，还应充分认识城市发展的不利因素，说明不宜发展的产业和职能，如水源条件差的城市对发展耗水大的产业，将构成制约因素。同

51

时，还应注意在市场经济背景下，由于人的主观能动性，在市场竞争中有可能变不利因素为有利因素。因此城市性质的确定应留有余地，但在建设时序的安排和结构的组织上要注意弹性，避免城市或拉大架子，或用地过小，影响城市近期有效运行或造成城市布局长期不合理。

城市的性质应该体现城市的个性，反映其所在区域的经济、政治、社会、地理。自然等因素的特点。城市是随着科学技术的进步，社会、政治经济的改革而不断发展变化的。因此，城市性质有可能随城市的发展条件变化而变化。对于城市性质的认识，是建立在一定的时间范围内的。但城市性质毕竟要取决于它的历史、自然、区域这些较稳定的因素。因此，城市性质在相当一段时期内有其稳定性。城市是一个综合实体，其职能往往是多方面的，城市性质只能是主要职能的表述。

1．确定城市性质的意义

不同的城市性质决定着城市规划不同的特点，对城市规模的大小、城市用地布局结构以及各种市政公用设施的水平起重要的指导作用。在编制城市总体规划时，首先要确定城市的性质。这是确定城市产业发展重点，以及一系列技术经济措施及其相适应的技术经济指标的前提和基础。例如，交通枢纽城市和风景旅游城市在城市用地构成上有明显差异。明确城市的性质，便于在城市规划中把规划的一般原则与城市的特点结合起来，使城市规划更加切合实际。

2．确定城市性质的依据

城市性质的确定，可从两个方面去认识。一是从城市在国民经济的职能方面去认识，就是指一个城市在国家或地区的经济、政治、社会、文化生活中的地位和作用。市域规划及城镇体系规划规定了区域内城镇的合理分布、城市的职能分工和相应的规模，因此，市域规划及城镇体系规划是确定城市性质的主要依据。城市的国民经济和社会发展计划，对这个城市性质的确定，也有重要的作用。二是从城市形成与发展的基本因素中去研究，认识城市形成与发展的主导因素，这是确定城市性质的重要方面。例如，三亚市既是热带海滨旅游城市，又具有疗养、海洋科学研究中心等多种职能，其中主要职能是前者，所以三亚市的城市性质，是国家旅游城市。但对于多数城市，尤其是发展到一定规模的城市，常常兼有经济、政治、文化中心职能，区别只是在于不同范围内的中心职能。

3．分析确定城市性质的方法

确定城市性质，就是综合分析影响城市发展的主导因素及其特点，明确它的主要职能，指出它的发展方向。在确定城市性质时，必须避免两种倾向：一是以城市的"共性"作为城市的性质；二是不区分城市基本因素的主次，一一罗列，结果失去指导规划与建设的意义。城市性质确定的一般方法是"定性分析"与"定量分析"相结合，以定性分析为主。城市性质的定性分析就是在综合分析的基础上，说明城市在经济、政治、社会、文化生活中的作用和地位。定量分析是在定性基础上，从数量上去分析自然资源、劳力资源、能源交通及主导经济产业现有和潜在的优势。确定城市性质时，不能仅仅考虑城市本身发展条件和需要，必须从全局出发。区域规划对于确立城市性质有着重要的意义，城市性质应以区域规划为依据。如果区域规划尚未编制，或者编制时间太久，就应在编制城市总体规划时，先进行编制城镇体系规划，以地区国民经济发展为依据，结合生产力合理布局为原则，对城市性质作全面的战略思考，明确本城市在城镇体系中的战略地位，然后在编制城市总体规划时，对本城市的基础和发展条件作深入的定性和定量分析，以确定城市的性质。

4. 城市性质的表述

过去城市性质的表述往往对城市的产业作很具体的描述，如以发展重化工或机电工业为主等，带有较强的计划经济色彩。在市场经济条件下，各城市的经济发展应体现为在市场竞争中的自主发展，在性质表述中应力求明确和简洁，突出特点。

城市性质一般从行政职能、经济职能和文化职能三方面来表述。许多城镇都是一定范围内的中心城市，职能的表述显得千篇一律，其实这不必忌讳，而是要明确它的中心影响范围、等级。当然中心有的是行政、经济、文化、交通等的综合中心，也可简单概括为中心城市，有的则主要为某几项中心，必须明确表述。

在城市性质的分类上，一般有工业城市、商贸城市、交通枢纽城市、港口城市、科教城市、综合中心城市以及特殊职能的城市，如历史文化名城、革命纪念性城市、风景旅游城市、休疗养城市、边贸城市等。

(二) 城市人口规模和用地规模

城市的规模，包括城市人口规模和城市用地规模，两者是密切相关的，根据人口规模以及人均用地的指标就能推算城市的用地规模。因此，在城市发展用地无明显约束条件下，一般是先从预测人口规模着手研究，再根据城市的性质与用地条件加以综合协调，然后确立合理的人均用地指标，就可确定城市的用地规模。

从城市规划的角度来看，城市人口是指那些与城市的活动有密切关系的人，他们常年居住生活在城市的范围内，构成了城市的社会主体，是城市经济发展的动力，建设的参与者，又是城市服务的对象。他们依赖城市生存，又是城市的主人。

各国依据本国生产力发展水平及当时的社会、政治条件,把通过行政确认的城镇地区的常年居住人口称为城镇人口。设置城市的标准,一般根据人口规模、人口密度、非农业人口比重和政治、经济因素等。

城市人口调查分析和预测,是一项既重要又复杂的工作,它既是城市总体规划的目标,又是制定一系列具体技术指标与布局的依据。做好这项工作,对正确编制城市总体规划有很大的影响。

因为城市用地的多少,公共生活设施和文化设施的内容和数量,交通运输量和交通工具的选择,道路等级与指标,市政公用设施的组成与规模,住宅建设的规模与速度,建筑类型的选定以及城市的布局等等,无不与城市人口的数量及构成有着密切关系。

1. 城市人口的构成和素质

城市人口的状态是在不断变化的。可以通过对一定时期城市人口的各种现象,如年龄、寿命、性别、家庭、婚姻、劳动、职业、文化程度和健康状况等方面的构成情况加以分析,反映其特征。

(1) 年龄构成

指一定时间城市人口按年龄的自然顺序排列的状况,以及按年龄的基本特征划分的各年龄组的人口占总人口的比例。一般将年龄分成六组:托儿组(0~3岁)、幼儿组(4~6岁)、小学组(7~11岁)、中学组(12~17岁)、成年组(男:18或19~60岁,女:18~55岁)和老年组(男:61岁以上,女:56岁以上)。为了便于研究,常根据年龄统计做出百岁图(俗称人口宝塔图)和年龄的构成图(图2-3-1)。

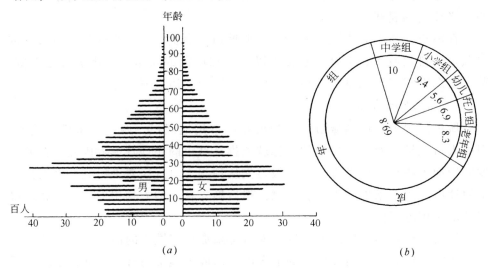

图 2-3-1 人口年龄构成分析图
(a) 百岁图;(b) 年龄构成图

掌握构成的意义在于：①比较成年组人口数与就业人数可以看出就业情况和劳动力潜力；②掌握劳动后备力量的情况，对研究经济发展有重要作用；③掌握学龄前儿童和学龄儿童的数量和发展趋向，是制定托、幼、中小学等公共设施规划指标的重要依据；④掌握老年组的人口数及比重，分析城市老龄化水平及发展趋势，是确定城市社会福利服务设施指标主要依据；⑤分析年龄结构，可以判断城市人口自然增长变化趋势；分析育龄妇女人口数量，是预测人口自然增长的主要依据。

(2) 性别构成

性别构成反映男女人口之间的数量和比例关系。它直接影响城市人口的结婚率、育龄妇女生育率和就业结构。在城市规划工作中，必须考虑男女性别比例的基本平衡。一般在地方中心城市，如小城镇和县城，男性多于女性，因为男职工家属一部分在附近农村。在矿区城市和重工业城市，男职工比重高，而在纺织和一些其他轻工业城市，女职工比重则较高。因此，分析职工性别构成，在确立产业结构和城市空间布局时，应注意男女职工平衡。

(3) 家庭构成

家庭构成反映城市人口的家庭人口数量、性别、辈分等组合情况。它对于城市住宅类型的选择，城市生活和文化设施的配置，城市生活居住区的组织等都有密切关系。家庭构成的变化对城市社会生活方式、行为和心理诸方面都带来直接影响，从而对城市物质要素的需求产生影响。我国城市家庭组成由传统的复合大家庭向简单的小家庭发展的趋向日益明显。因此，编制城市规划时应详细地调查家庭构成情况、户均人口数，并对其发展变化进行预测，以作为制定有关规划指标的依据。

(4) 劳动构成

在城市总人口中，按其参加工作与否，分为劳动人口与非劳动人口（被抚养人口）；劳动人口又按工作性质和服务对象，分成基本人口和服务人口。所以，城市人口可分为三类：

①基本人口：指在城市主要职能部门（基本经济部类）从业人员，如工业、交通运输以及其他不属于地方性的行政、财经、文教等单位中就业人员，它不是由城市的规模决定，相反，它却对城市的规模起决定性的作用。

②服务人口：指在为当地服务（从属经济部类）的企业、行政机关、文化、商业服务机构中就业人员，它的多少是随城市规模而变动的。

③被抚养人口：指未成年的，没有劳动能力以及没有参加劳动的人口，它是与就业人口相关的。

上述分类在统计上，特别在市场经济体制下较为困难。

(5) 产业与职业构成

指城市人口中的社会劳动者按其从事劳动的行业性质（即职业类型）划分，各占总就业人口的比例。按国家统计局现行统计职业的类型如下：
①农、林、牧、渔、水利业；
②工业；
③地质普查和勘探业；
④建筑业；
⑤交通运输、邮电通讯业；
⑥商业、公共饮食业、物资供销和仓储业；
⑦房地产管理、公用事业、居民服务和咨询服务业；
⑧卫生、体育和社会福利事业；
⑨教育、文化艺术和广播电视事业；
⑩科学研究和综合技术服务事业；
⑪金融、保险业；
⑫国家机关、政党机关和社会团体；
⑬其他。

按产业类型划分，以上第1类为第一产业，第2～5类属第二产业，第6～13类属第三产业。

按三大产业类型划分，能较科学地反映城市社会、经济发展水平。一般社会经济水平越高，第三产业比重越大，通常中心城市第三产业比重较高。同时这种分类还便于取得统计资料。

产业结构与职业构成的分析可以反映城市的性质、经济结构、现代化水平、城市设施社会化程度和社会结构的合理协调程度，是制定城市发展政策与调整规划定额指标的重要依据。在城市规划中，应提出合理的职业构成与产业结构建议，协调城市各项事业的发展，达到生产与生活配套建设，提高城市的综合效益。

（6）文化构成

随着知识经济兴起，现代科学技术的普及，城市人口的文化素质，劳动力的质量，越来越影响城市经济社会的发展。人口的文化构成将成为影响城市发展重要因素。

大学学历人口的比重已成为衡量人口素质的重要指标，美国占32.2%，日本14.3%，英国11.0%，韩国11.7%，中国仅1.4%。以城市人口统计，北京最高不过9.3%，上海6.5%（资料引自《1989年中国人口统计年鉴》）。

2. 城市的流动人口

城市流动人口是指短期从市外进入城市办理公务、商务、劳务、探亲访友和旅游度假的人口。随着改革开放政策的实行，用工制度的搞活，以及市场经济体制的建立,经商活动日趋活跃,在城市内出现了许多外地厂商及科研等部门的常设办事机构以及非市籍的就业人群。因此,就出现了大量的非本市户籍,但实际已经长期居住在城市里的人口。俗称"常住流动人口"。这些人口数量在某些发达的城市高达户籍人口的30%左右。显然这些"流动人口"已构成了城市生活的重要组成部分,他们给城市的经济发展带来活力,也给城市的住房、交通、社会服务产业、文化教育设施增加了压力。目前建设部已规定在城市规划中,将住满半年以上的流动人口称为暂住人口,计入城市人口规模,并相应计算用地规模。

3. 城市人口的变化

(1) 自然增长

自然增长是指出生人数与死亡人数的净差值。通常以一年内城市人口自然增长的绝对数量与同期该城市年平均总人口数之比,称自然增长率。

$$自然增长率 = \frac{本年出生人口数 - 本年死亡人口数}{年平均人数} \times 1000 (‰)$$

(2) 机械增长

机械增长是指城市迁入人口和迁出人口的净差值,通常以一年内城市人口机械增长的绝对数量与同期该城市年平均人口数之比,称机械增长率。

$$机械增长率 = \frac{本年迁入人口数 - 本年迁出人口数}{年平均人数} \times 1000 (‰)$$

(3) 人口平均增长率

城市人口增长指在一定时期内,由出生、死亡和迁入、迁出等因素的消长,导致城市人口数量增加或减少的变动现象:

$$人口平均增长率 = \sqrt[年限]{\frac{期末人口数}{期初人口数}} - 1$$

$$= 人口平均发展速度 - 1$$

根据城市历年统计资料,可计算历年人口年增长数和年增长率,以及自然增长和机械增长的增长数和增长率;并绘制人口历年变动曲线。这对于推算城市人口发展规模有一定的参考价值。

4. 城市人口的预测

预测城市人口发展规模,是一项政策性和科学性很强的工作。既要了解人口现状和历年来人口变化情况,又要研究城市社会、经济发展的战略目标,城市发展的有利条件及限制因素,从中找出规律和发展趋势。

城市对劳动的需要量,决定了城市人口的发展规模。这种劳动需要量不是任意的。马克思深刻地阐明了"按一定比例分配社会劳动"是社会经济运动的客观规律。同时也是估算城市人口发展规模的理论基础[3]。

就一个城市而言,人口增长速度和发展规模是受自然增长率和机械增长率所支配。城市人口的自然增长应当是有计划的,而机械增长是受社会经济发展的规律和国家政治经济形势所决定的。

### 三、城市布局和道路系统

城市布局和道路交通系统是城市规划最核心的内容。城市布局指城市土地使用结构的空间组织及其形态。城市道路系统指城市范围内由不同功能、等级、区位的道路以及不同形式的交叉口和停车场设施,以一定方式组成的有机整体。城市有众多不同功能的用地,在用地空间布局上必须根据其不同要求,进行科学的功能分区。这些不同的功能分区彼此关联,以道路系统加以连接,构成城市的整体。

(一)城市用地分类

按照中华人民共和国国家标准《城市用地分类与规划建设用地标准》(GBJ—137—90),城市用地划分为10大类、46中类和73小类。10大类包括居住、公共设施、工业、仓储、对外交通、道路广场、市政公用设施、绿地、特殊用地以及水域和其他等。

(二)城市用地评定与城市用地现状分析

城市用地布局规划之前,应对城市用地进行评定,并做好城市用地现状的分析。

城市用地评定是对城市发展可能使用的土地,从水文地质(河湖、地下水位、洪水淹没、冰冻状况等),工程地质(地质构造、地质活动、地基承载力等)、地形地貌(坡度、坡向等),矿藏和文物埋藏等方面进行分析,评定出适宜建设的用地,必须采取工程措施加以改善后,才可建设的用地和不宜建设的用地。

除根据自然条件对用地进行分析外,还必须对农业生产用地进行分析,尽可能利用坡地、荒地、劣地进行建设,少占农田,不占良田。

(三)城市用地布局结构与形态

城市用地布局结构就是城市各种用地在空间上相互关联、相互影响与相互制约的关系。城市形态则是城市整体和内部各组成部分在空间地域的分布状态。

城市布局规划首先要满足各类城市用地的功能要求,相互之间形成合理的功能关系。比如,居住用地应选在环境质量好的地方;公共设施应布置在城市各级中心和靠近居住用地的位置;工业用地应选在交通运输方便,又对城市不会形成过多污染的地方;仓储用地应布置在靠近对外交通枢纽和服务区附近。根据工作和居住就近的原则,居住用地应靠近工业区位置,但又要防止工业生产对居住环境的污染和交通干扰;对外客运交通枢纽设施既要方便城市居民的使用,又要避免对城市内的交通的过多干扰。

城市用地布局一定要充分利用自然条件，依山就势，灵活布置，做到功能合理明确，空间结构清晰。

中小城市一般采用集中紧凑发展的空间布局结构，有利提高城市效率、减少道路、市政设施的投入。同时应根据城市的发展，城市功能的需要，协调好新旧区之间的功能联系，不一定要维持单中心的布局形式。大城市和特大城市就应避免单一中心、同心圆式向外蔓延的发展模式，采用多中心放射式或分散组团式等的布局结构，以利简化城市功能分区，分散城市交通，优化城市环境质量。

城市空间布局形态可以根据不同城市的地理条件、用地条件、对外联系和城镇分布等因素，采用集中紧凑城式、带状、指状和星座状等形态。

（四）城市道路系统

城市用地布局决定了城市道路交通的分布形态，而合理地组织城市道路和交通，也将影响城市用地布局的优化。

1. 城市道路的分类

城市道路是城市的骨架，要满足不同性质交通流的功能要求。城市道路系统规划要求城市道路按其在城市中的功能和地位进行分类。

（1）快速路

快速路是为城市中、长距离快速交通服务的道路，设有中央分隔带，具有四条以上的机动车道，全部或部分采用立体交叉与控制出入，供汽车以较高速度行驶的道路。

（2）主干路

主干路又称全市性干道，是为常速主要交通服务的道路。大城市的主干路多以交通功能为主，负担城市各区、组团间的交通联系，以及与对外交通间的联系，也可以成为城市主要的生活性景观大道。

（3）次干路

次干路是城市组团内的主要道路，联系各主干路，并与主干路组成城市干道网。次干路在交通上起集散交通的作用，又兼具生活性服务功能。

（4）支路

支路是城市的一般街坊道路，以生活性服务功能为主。

城市道路可以按交通功能分为交通性道路和生活性道路两类，以检验道路的功能是否与用地的性质相协调。

2. 城市干道网类型

在不同的社会经济、自然环境和建设条件下，不同道路系统有不同的发展形态。从形式上，常见的城市道路网可归纳为四种类型：

（1）方格网式道路网

方格网式又称棋盘式，是最常见的一种道路网类型。用方格网道路划分的街坊形状整齐，有利于建筑的布置，有利于交通的均衡分布，交通灵活性大。

(2) 环形放射式道路网

环形放射式道路网有利于城市中心与外围市区和郊区的联系，但也容易把外围的交通直接引入城市中心地区，引起交通在市中心的过分集中。同时会出现许多不规则的街坊，交通灵活性不如方格网式道路。

(3) 自由式道路网

自由式道路网常用于地形起伏较大的地区，线型灵活变化，可以形成活泼丰富的景观效果。

(4) 混合式道路网

混合式道路网往往是由不同发展时期或不同地形条件下，形成的不同类型的道路网组合而成的。城市规划可以结合城市用地条件和各种路网的优点，对原有道路结构进行调整和改造，形成新的合理的混合式道路网。

3．城市交通政策

根据城市的性质、规模、自然环境、历史及发展趋势，确立交通政策和运输方式构成。城市交通政策由交通技术政策、经济政策和管理政策等组成综合政策体系。目前我国城市公认的城市交通政策要点包括：优先发展公共交通的政策；合理控制私人小汽车和自行车盲目发展的政策；限制摩托车在城市中心区行驶的政策等。

4．城市道路交通系统规划应注意的问题

(1) 道路系统规划应与城市用地规划和城市交通规划相结合，满足城市各用地功能区间的交通联系和可达性的要求，并充分考虑道路建设对新区建设的引导作用。

(2) 规划要按照《城市道路设计规范》（GB 50220—95）的规定，保证道路网主干路、次干路、支路有合理的级配和合理的路网密度。规划和建设中要避免片面追求道路宽度、忽视道路合理密度（特别是忽视次干路和支路建设）的做法。

城市不同地段的道路要根据其交通功能的要求确定适宜的道路网密度。如商业地段的道路网密度应该高一些；工业区的密度就要低一些；速度越快的道路密度越低，速度越慢的路密度越高。

地形复杂的城市，应注意结合地形进行选线，既可减少工程量，又能使城市生动、活泼、富有个性和特色。

(3) 规划要注重道路网系统性，保证道路网整体通行能力能适应交通发展的需要。

（4）历史街区的道路要注意保持传统街道空间形态，对旧城道路的改造应慎重。

（5）城市道路系统要与对外交通良好的衔接。

### 四、城市环境保护和建设

（一）城市环境概述

21世纪，人类将有一半以上的人口居住在城市，在新的世纪里，人们将更加追求具有良好的生态环境质量的城市。

1．城市环境的概念及构成

城市环境是指影响城市人类生存和发展的各种条件的总和。狭义的城市环境主要指城市物理环境，包括地形、地质、土壤、水文、气候、植被、动物、微生物等自然环境及房屋、道路、基础设施、废气、废水、废渣、噪声等人工环境。广义的城市环境除了物理环境外，还包括人口分布及社会生活服务设施等社会环境，资源、就业、收入水平等经济环境以及风景、风貌、建筑特色和文物古迹等美学环境。

城市环境的构成，见图2-3-2。

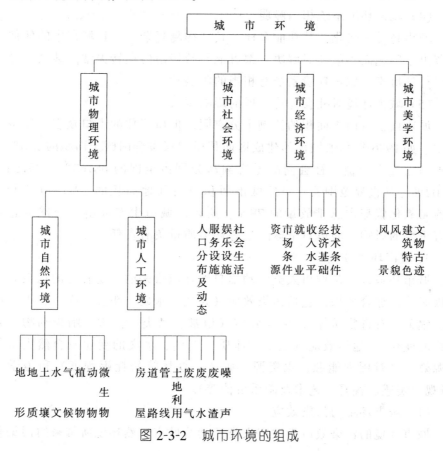

图2-3-2 城市环境的组成

2．城市环境的特点

（1）城市环境受人类活动的强烈影响

城市人口集中，经济活动频繁，对自然环境的改造力强、影响力大。城市是人们对自然环境施加影响和作用最剧烈的地域，因而，城市环境受到城市人类活动的强烈影响。

（2）城市环境的构成独特、结构复杂、功能多样

与纯自然、非人工性自然环境不同，城市环境的构成既有自然因素，又有人工因素，还有社会环境因素与经济环境因素。城市环境的这种多因素的独特构成，使得城市环境的结构极为复杂；城市环境所具有的空间性、经济性与社会性及美学性特征，又使得其结构呈现多重和复合特征。

（3）城市环境限制众多，矛盾集中

城市环境系统直接受外部环境的制约。城市生态系统不是封闭的，城市人类从事生产和生活活动，必须由外部输入生产和生活原料；同时，还必须把生产产品和生活废弃物转送到外部去，否则，城市将无法进行正常的经济活动，城市居民也无法生存。可见，城市环境系统对外界有很大的依赖性。

（4）城市环境系统相当脆弱

城市越是现代化，其功能多样，其结构越复杂，一旦城市中的任何主要环节出了问题而不能及时解决，都可能导致城市的运转失常，甚至会导致城市运行的瘫痪，城市环境系统有相当的脆弱性。

（5）城市环境对社会经济发展的影响很大

城市面积占国土面积的比例十分有限，但所居住的人口众多，经济活动集中。如1996年我国城市的建成区面积虽然仅占全国国土面积的1.8%，但是GDP、工业产值、社会商品零售额却分别占全国的68.63%、75.53%和70.02%。从世界范围看，虽然城市面积只占陆地面积的2%，但是所排放出的二氧化碳却占总排放量的78%。所以，城市生态环境对全球生态环境具有重要的影响，城市对全球的生态环境质量负有责任。

3．城市环境效应

城市环境效应是城市人类活动给自然环境带来的一定程度的积极影响和消极影响的综合效果，包括污染效应（大气、水质、恶臭、噪声、固体废气物、辐射、有毒物质等），生物效应（植被、鸟类、昆虫、啮齿动物、野生动物的变化），地学效应（土壤、地质、气候、水文的变化及自然灾害等），资源效应（对周围能源、水资源、矿产、森林等的耗竭程度）和美学效应（景观、美感、视野、艺术及游乐价值等）。

（1）城市环境的污染效应

城市环境的污染效应指城市人类活动给城市自然环境所带来的污染作用

及其效果。城市环境的污染效应主要包括大气、水体质量下降、恶臭、噪声。固体废弃物、辐射、有毒物质污染等几个方面。

大气污染引起环境变化的性质，可分为物理效应、化学效应和生物效应三种。物理效应是大气中二氧化碳增多产生的温室效应，引起全球气候的变化；工业区排放大量颗粒物，产生更多的凝结核而造成局部地区降雨增多；城市排放大量的热量，使气温高于周围地区，产生热岛效应等。化学效应如化石燃料燃烧排放的二氧化硫会形成酸雨降落地面，使土壤、水体酸化，腐蚀金属桥梁、铁轨及建筑物；光化学生成的烟雾、硫酸盐气溶胶等会降低大气能见度；氟氯烃化合物破坏臭氧层，使地面紫外线照射量增多，有害身体健康等。生物效应会导致生态系统变异，造成各种急性或慢性中毒等。

（2）城市环境的地学效应

城市环境的地学效应是指城市人类活动对自然环境所造成的影响，包括土壤、地质、气候、水文的变化及自然灾害等。

城市热岛效应是城市环境的地学效应的一种。城市的建筑物和道路的水泥砖瓦表面改变了地表的热交换及大气动力学特性，白天地面的反射率低，辐射热的吸收率高，夜晚大部分以湍流热传输入大气，使气温升高，同时城市人类活动所释放出来的巨大热量以及大量城市代谢排入大气，改变了城市上空的大气组成，使其吸收太阳辐射的能力及对地面长波辐射的吸收力增强。使得市区温度高于周围地区，形成一个笼罩在城市上空的热岛。城市热岛效应具有阻止大气污染物扩散的不良作用，热岛效应的强度与局部地区气象条件（如云量、风速）、季节、地形、建筑形态以及城市规模和性质等有关。

城市地面沉降也是城市环境的地学效应的一种。城市地面沉降指地面地表的海拔标高在一定时期内不断降低的现象。可分为自然的地面沉降和人为的地面沉降：前者是由于地表松散的沉积层在重力作用下，逐渐压密所致，或是由于地质构造运动、地震等原因而引起；后者是在一定的地质条件下，过量开采地下水、石油和天然气等，使岩层下形成负压或空洞，以及在地表土层和建筑物的静态负荷压力下引起的大面积地面下陷。地面沉降可造成地表积水，海潮倒灌，建筑物及交通设施损毁等重大损失。人为的地面沉降也是公害之一。

城市地下水污染也是城市环境的地学效应的一种，城市地下水污染主要是由人类活动排放污染物引起的地下水物理、化学性质发生变化而造成的水体水质污染。地下水和地表水两者是互相转化和难以截然分开的。地下水具有水质洁净、分布广泛、温度变化小、利于储存和开采等特点。因此，往往成为城镇和工业，尤其是干旱和半干旱地区的主要供水水源。在中国，80

个大中城市中，有60％以上的城市以地下水作为供水水源。近年来，这些城市的地下水都遭到不同程度的污染，污染物主要来自工业废水和生活污水。地下水一旦污染则很难恢复。

(3) 城市环境的资源效应

城市环境的资源效应指城市人类活动对自然环境的资源，包括能源、水资源、矿产、森林等的消耗作用及其程度。

城市环境的资源效应首先体现在城市对自然资源的极大的消耗能力和消耗强度方面。由于城市人口消耗资源所占的比例提高，伴随着资源巨量消耗也不可避免产生环境污染。城市要承担不可再生资源损耗不可推卸的责任。

(4) 城市环境的美学效应

城市的人们为满足其生存、繁衍、活动之需，构筑了包括房屋、道路、游憩设施在内的各种人工环境，并形成了各类的景观。这些人工景观在视野、艺术及游乐价值方面具有不同的特点，对人的心理和行为产生了潜在的作用和影响，即是城市环境的美学效应。

4．城市环境容量

(1) 城市环境容量的概念

环境容量是指环境或环境的组成要素（如水、空气、土壤和生物等）对污染物质的承受量和负荷量。其大小与环境空间的大小、各环境要素的特性和净化能力、污染物的理化性质等有关。

城市环境容量是指环境对于城市规模及人的活动提出的限度，具体地说，即：城市所在地域的环境，在一定的时间、空间范围内，在一定的经济水平和卫生要求下，在满足城市生产、生活等各种活动正常进行前提下，通过城市的自然条件、人工条件如城市基础设施等的共同作用，对城市建设发展规模以及人们在城市中各项活动的强度提出的容许限度。

(2) 城市环境容量若干类型及其特点

城市环境容量包括城市人口容量、自然环境容量、城市用地容量以及城市工业容量、交通容量和建筑容量等。

①城市人口容量

城市人口容量指在特定的时期内，城市能相对持续容纳的具有一定生态环境质量和社会环境水平及具有一定活动强度的城市人口数量。

城市人口容量具有三个特性一是有限性：城市人口容量控制在一定的限度之内，否则就必将以牺牲城市中人们的生活质量作为代价；二是可变性：城市人口容量会随着生产力与科技水平的活动强度和管理水平而变化；三是稳定性：在一定的生产力与科学技术水平下，一定时期内，城市人口容量具有相对稳定性）。

②城市大气环境容量

城市大气环境容量指在满足大气环境目标值（即能维持生态平衡及不超过人体健康阈值）的条件下，某区域大气环境所能承纳污染物的最大能力，或所允许排放的污染物的总量。

③城市水环境容量

城市水环境容量指在满足城市用水以及居民安全卫生使用城市水资源的前提下，城市区域水环境所能承纳的最大污染物质的负荷量。水环境容量与水体的自净能力和水质标准有密切关系。

5．城市环境问题

城市是工业化和经济社会发展的产物，是人类社会进步的标志。在城镇化进程中，我们会遇到"城市环境综合症"的问题，诸如人口膨胀、交通拥挤、住房紧张、能源短缺、供水不足、环境恶化和空气污染。这不仅给城市建设带来巨大压力，还威胁着城市的经济社会发展，构成了城市发展的制约因素。

我国城市环境问题的特点：

（1）城市大气污染以煤烟型污染为主

建国以来，我国能源结构以煤炭为主的总格局始终未变。煤炭在一次能源的构成中约占76%，是世界平均值的2.53倍，美国的3.30倍，日本的4.30倍。在近14年的能源消耗构成中，煤炭增长了30倍。

（2）水污染与水资源短缺是城镇发展的重要制约因素

水污染已成为我国城市突出的问题。1997年全国建制市污水排放总量大约为351亿立方米，年集中处理率仅为13.4%，大量未经处理的城市污水的直接排放已经造成了城市水环境的严重恶化，已有90%的水源水质遭受了不同程度的污染。

（3）固体废弃物和城市垃圾是城镇环境保护的一大难题

城镇系统是一个生态系统，它有各种物质和能量输入，也有各种废弃物和余能的输出。在城镇生态系统中，环境的自然净化能力远远小于城镇的各种废物的总排放。据统计，我国城镇生活垃圾年产出量，并且每年以10%的速度增长。目前，城市垃圾不能及时清运和处理，已成为城市环境保护的一大难题。

（4）城市噪声污染严重

据有关资料，全国有四分之三的城市道路交通噪声超标，全国有三分之二的城市居民生活在噪声超标的环境之中。

（二）城市环境保护

1．城市环境保护的概念

城市环境保护指在城市及周边区域采取行政的、法律的、经济的、科学技术的多方面措施，合理地利用自然资源，防止环境污染和破坏，以及产生污染后进行综合整治。目的是保持和发展生态平衡，扩大有用自然资源的再生产，保障人类经济社会发展。环境保护大致包括三个方面：

①保护人体免受病原微生物、有毒化学品和过量物理能所造成的生物损害；

②防止人们在与水、空气和土壤方面接触中受到不良刺激，产生不适；

③保持全球生态系统平衡和保护自然资源。

2．城市环境保护与城市规划

城市环境保护的根本目标是，按自然规律和经济规律，为城市人口创造一个有利于生产、生活的优美环境。

要达到这一目标，就必须按照城市生态学的观点，实行对资源的合理开发和利用，合理地确定城市性质、规模和工业构成；经济合理地利用城市土地，合理地进行功能分区；合理地组织道路交通运输和布置管线工程，尽可能缩短物质、能量、通讯的流程；创造良好的完善的卫生保健条件，创造可靠的安全条件，以抗御自然灾害（地震、洪水、狂风、暴雨、海啸）及各种病害；进行充分的绿化、美化，妥善地保护和利用好文物古迹。自然风景、建筑艺术群体和景观等城市环境。

总之，城市环境保护首先应从城市的全局入手，科学确定城市职能、产业结构、城市规模、空间布局结构，综合安排城市交通运输系统、基础设施和绿化系统等。

3．城市环境保护的新理念

从1972年人类环境会议后的20年间，人们检讨几十年的环境保护历程及其所取得的成就时，发现过去环境保护的理念、路线、战略及政策、法规存在缺陷，把保护的基点放在直接控制污染上。我国环境保护机构在20世纪70年代初成立之时，首先集中在控制和净化最急迫的环境问题上。在90年代初，提出了由末端治理向全过程控制转移的号召，但并没有得到有效的贯彻。当前现行的法律、法规以及控制标准，仍然是污染控制思想体系的产物。"一控双达标"的行动计划，强调的仍是末端治理。这是当前环境保护工作存在的比较突出的问题。

末端治理思想的基点是产生的废物，要按政府规定的强制性标准进行处理，而不问原因如何。几十年的环境保护的实践表明，实施这条技术路线，尽管在发达国家取得显著的成绩，环境状况确定得到很大改观，但也发现有两个根本弊端无法回避。一是为了处理污染物要耗费巨额的资金，消耗大量的能源和物料；二是其效果并没达到所预期那么辉煌，有些问题根深蒂固，彻底解决十分困难，如土地污染、地下水污染、湖泊富营养化，由此造成的生态环境品质不良的问题将长期存在。

于是，人们认识到应从防止污染的技术路线发端预防，产生了预防污染的思路。1990年美国颁布了世界第一部污染预防法案，提出污染预防政策，标志着传统的环境保护的理念得到纠正和发展。近些年在国际上提出了废物最小化和清洁生产，在概念上同属一义，这样会更有效、更经济。

4．城市环境保护的主要内容和措施

（1）做好城市总体规划布局

城市总体布局对城市环境质量具有深远的影响。城市总体布局要综合考虑城市用地大小、地形、地貌、山脉、河流、气象、水文及工程地质等自然因素对城市总体布局的影响和制约，特别是处理好工业布局与城市环境保护的关系，区分有害工业与无害工业，根据风向和水流进行分区，从根本上防止工业有害物质对城市环境的影响。应重视城市土地的生态（适宜度）评价和生态敏感性分析工作。

（2）处理好工业布局与城市环境保护的关系。根据专业化和协作化要求，建立不同类型的工业区，以便集中综合处理，减少迂回运输，建立"工业食物链"，以达到废弃物减量化、资源化。

根据不同的工业性质，确定工业用地位置，根据生产工艺过程特点，区分有害烟尘、有害废水废物与无害洁净工业，根据风向、水流进行分区，建立防护带以防止对城市农业的影响等。

（3）合理组织城市交通运输

城市道路交通是城市噪声和大气污染的主要来源之一（据一些国家调查，城市中噪声约有76%以上由是由交通运输产生的）。在道路系统规划中，应尽量使人车分流（如设步行街区），减少人流货流的交叉，道路应通畅便捷（低速行驶的机动车废气量是常速行驶的5~7倍）。

（三）城市生态环境建设

1．城市生态环境建设涵义

城市生态环境建设（城市环境建设）是按照生态学原理，以城市人类与自然的和谐为目标，以建立科学的城市人工化环境措施去协调人与人，人与环境的关系，协调城市内部结构与外部环境关系，使人类在空间的利用方式、程度、结构、功能等与自然生态系统相适应，为城市人口创造一个安全、清洁、美丽和舒适的工作和居住场所。

2．城市生态环境建设目标

①致力于城市人类与自然环境的和谐共处，建立城市人类与环境的协调有序结构。

②致力于城市与区域发展的同步化。
③致力于城市经济、社会和生态的可持续发展。

3．城市生态环境建设的内容

①推进产业结构模式演进

城市合理的产业结构模式都应遵循生态工艺原理演进，使其内部各成分形成"综合利用资源，互相利用产品和废弃物，最终成为首尾相接的统一体"。

②建立城市市区与郊区复合生态系统

从经济、社会联系看，市区是个强者，郊区乡村经济的社会发展依附于市区；从生态联系看，市区又是个弱者，郊区的生物生产能力是市区环境生息的基础。因此，为了增强城市生态系统的自律性和协调机制，必须将市区和郊区看做一个完整的复合生态系统，对两者的运行作统一调控。生态农业是城郊农业较理想的生产方式，它不但能提高农业资源的利用率，降低生产的物质与能量消耗，还能净化或重复利用市区工业、生活废弃物，并为城市居民提供更多的生物产品。因此，加强生态农业建设是市区与郊区复合生态系统，完善其结构和强化其功能的重要途径。

③城市绿地系统建设

在城市生态系统中，园林绿地系统是具有自净功能的重要组成部分，它在调节小气候、吸收环境中的有毒有害物质、衰减噪声、改善环境质量、减灾防灾、调节与维护城市生态平衡、美化景观等方面起着十分重要的作用。近年来，人们已越来越深刻地认识到绿地系统在城市生态环境建设中的重要性，开始了大规模的城市绿化，并将其提高到作为衡量城市现代化水平和文明程度的标准。城市绿地系统建设已成为城市生态环境建设的重要内容。

据上海有关部门研究证实，每公顷树木每年可吸收二氧化碳16t，二氧化硫300kg，产生氧气12t，滞尘总量可达10.9t，蓄水1500$m^3$，蒸发水分4500～7500t。乔木和草坪的投资比为1:10，而产生的生态效益比则为30:1。因此，城市绿化系统建设中应高度重视提高乔木的比重[1]，城市绿地系统的建设必须建构生态的群落，突出生态效益，贯彻生态与景观协调的原则。

④城市自然保护

城市自然保护区、森林公园等建设形成区域性的生态绿地单位，为生物提供良好的栖身环境和迁徙通道，保存城市生物多样性，是城市生态环境建设的重要内容之一。在高度工业化的城市地区，保护水、土、生物等自然资源和自然环境以及人类历史遗迹，维护生态平衡发挥着重要的作用，同时也可成为开展科研、科普教育、旅游活动的重要基地。

### 五、合理利用城市土地和空间资源

我国是土地资源十分短缺的国家,城市建设用地相当紧张,面对城市迅速发展,城市用地需求不断增加的现状,在城市建设中合理利用土地,节约城市用地的问题更加紧迫。随着从计划经济向市场经济体制的转轨,城市土地和空间资源合理配置作为城市规划的核心任务,面临新的课题,不仅要充分认识经济规律和有效利用市场机制,还应加强合理的公共干预,以确保城市土地、空间资源的有效利用。

（一）城市土地资源配置的空间经济规律

土地作为城市活动的物质载体,具有基地和区位两种属性。土地的基地属性（包括基地的大小、形状、地形和地质状况）满足城市活动的内部功能需求（如工厂需要比较平整的基地）；土地的区位属性（包括可达性和外部性）满足城市活动的外部功能需求（即与外部的关系）。

可达性是指空间联系的便利程度,主要与城市的道路系统和交通网络有关。各种城市活动对于可达性的要求取决于其外部功能特征。比如,商业活动的外部功能主要是与顾客的联系,有所谓"门槛顾客量"的要求；工业活动的外部功能包括与原料、劳力和产品市场的联系；居住活动的外部功能涉及到与就业和生活服务设施的联系。

可达性对于城市土地配置的空间影响表现在两个方面。首先,不同的城市活动地对可达性的需求程度是不同的,因而即使在可达性相同的区位,不同活动的土地经济效益（单位面积土地的收益）也是有差异的；第二,各种活动的土地经济效益对于可达性变化的敏感程度是不同的。一般来说,对于可达性要求较高的城市活动往往是土地经济效益较高的,并且也是对于可达性变化较为敏感的。

在图2-3-3中,以到市中心的距离表示可达性程度,在距市中心a范围内,活动A的土地经济效益最佳,能够支付的地价也就高于其他活动,因而支配了a范围内的土地用途。同时,活动A的土地经济效益受可达性变化

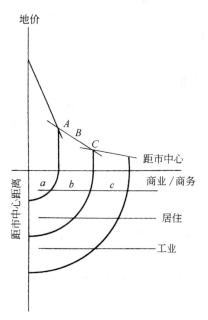

图2-3-3 区位的可达性与土地用途的空间分布

的影响也最为显著。到了b范围内，活动B的土地经济效益低于活动A，因而活动B取代活动A，支配了b范围内的土地用途。依次类推，活动C和D分别支配了c和d范围内的土地用途。

从经济的角度讲，土地资源的最佳配置就是使各种城市活动的土地经济效益最大化，因而能够支付的地价总和也就达到了最大化。一般来说，第三产业对于可达性的要求较高，土地经济效益也较高，同时受到可达性变化的影响也较为明显。其中，零售业往往对于可达性的要求最高，而其土地经济效益对于可达性变化也是最为敏感的。

区位外部性是指各种土地利用的空间聚集而产生的相互影响，包括积极的和消极的两种可能。由于城市是空间聚集体，土地利用之间的相互影响具有普遍性，若是功能上具有互补性的城市活动的空间聚集，能够使土地利用效益上升，称之为空间聚集的积极效应。比如，住宅区和商业区的空间聚集既使居民可以方便地使用商业设施，又使商店能够吸引足够的顾客数量，从而提升各自的土地利用效益。若是功能上具有排斥性的城市活动的空间聚集，则使土地利用效益下降，称之为空间聚集的消极效应。比如，有噪声的工厂会对周边住宅产生不良影响，导致房价或者房租的下降。

充分体现土地的价值和使开发活动获得最高的收益，不仅取决于开发用途，还与开发强度有关。从经济的角度讲，开发强度就是单位面积的土地投入多少建设资金，或者是在单位面积的基地上建造多少面积的建筑。

(二) 城市土地和空间资源配置的公共干预

1. 市场机制的缺陷

在市场经济体制下，经济规律对于有效地配置土地资源和适时地协调城市活动的空间需求，起着相当重要的作用。但是，对于城市土地利用这样一种特殊的空间经济活动，市场机制也存在着严重的不足之处，主要表现在以下五个方面。

(1) 外部效应

市场经济体制无法解决外部效应导致的利益矛盾。外部效应是公共经济学中的概念，指社会的某一个体或群体的行为影响到其他个体或群体的利益，包括积极的和消极的两种可能后果。外部效应的两个基本属性是：第一，外部效应的作用者和承受者之间无法以利益补偿协议作为约束条件；第二，外部效应所导致的利益变化无法用货币价值来核算，故不受市场机制作用。

在城市这一空间聚集体中，外部效应现象在城市土地利用中具有普遍性。如工厂噪声对于周围环境的消极影响，过高的开发强度使街道的日照和通风受到阻碍，不适当的建筑形体对于视觉感受的不良影响；当然，外部效应也可能是积极的。这些外部效应是市场机制所无法规范的。

（2）公共设施开发

市场机制无法促使公共设施的开发。城市的公共设施涉及到社会的整体利益和长远利益，但往往没有直接的经济效益，显然是与追求最大利润的市场原则相违背的。城市公共设施的价值在于为城市活动提供所必需的外部效应。以城市公共绿地为例，尽管没有直接的经济效益，但它所带来的社会效益（如改善生态环境和提供休憩场所），使城市土地在总体上更具使用价值，因而也会更具市场价值（特别是绿地附近的土地），这种"社会收益"可能超过绿地本身的"经济损失"（见图 2-3-4）。

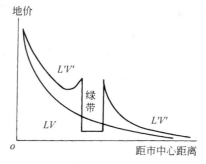

图 2-3-4 城市公共绿地的外部效益

另外，非公共部门往往难以胜任有些公共设施的开发。如城市道路涉及到广泛的地域和众多的产权关系，只有政府部门的法定职能才可能实施开发。又如，有些公共设施是惟一的，并且涉及到公众的基本需求（如供水和供电等），需求的价格弹性极小，如由民间资本开发，有可能导致价格上的垄断现象；即使引入民间资本参与城市基础设施的建设和经营，也必须有相应的公共干预机制。

（3）价值准则

外部效应难以用市场的价值准则来衡量。在城市开发中，具有历史价值的建筑物和建成环境，以及具有美学价值的自然景观等一旦遭到破坏，其社会代价是无法用市场价值来核算的。因此，必须以社会整体的价值准则作为决策依据，需要代表社会整体利益的政府部门进行公共干预。

（4）信息综合

由于市场信息的不完善，社会个体的开发决策往往建立在相对局限的基础上，各个地块最佳配置并不一定会带来城市整体的最优效益，反而可能导致房地产市场的供求失衡。如近年的办公楼、大型商场、高档住宅的过剩等。这就需要政府部门不仅及时地提供全面的市场信息，并且对于土地和物业的供给总量进行公共干预，保护投资者的利益。

（5）市场垄断

土地资源的总量是有限的，土地的不可移动性会导致土地供给关系的地域差异性，加剧某些地区的土地稀缺程度，加上土地可以永续利用的特性，可能会产生地区性的土地市场垄断。土地作为经济和社会活动的物质载体，地价昂贵是市场经济体制下的许多城市面临的一个主要问题，既影响到经济和社会的正常发展，还会导致财富分配悬殊的不公正现象。因此，政府必须对土地市场进行干预，尤其是土地的一级市场，应由政府直接掌握。

2. 公共干预的方式

市场机制的缺陷表明了公共干预的必要性。对于城市土地利用的公共干预，政府的作用表现在金融政策、物质建设和规划管理三个方面。政府的金融政策又分为财政和税收两种手段。对于需要促进的特定城市地域（如旧城改造）和特定土地利用（如低收入住宅），政府可以采取财政补贴和税收优惠的手段引导；同样，政府也可以采取财政和税收的手段来遏制不合理的土地利用。

地产税是调节土地利用的重要杠杆。地产税是以房地产的市场价格，也就是根据市场供求机制下的土地利用的机会成本来估算，这就可以促使土地利用的不经济状况（如城市中心的低强度开发）加以改变。

在城市规划实施中，政府对于城市土地利用进行公共干预，包括物质建设和行政管理两种手段。物质性的公共干预就是政府对于城市建设的公共领域（包括公共设施和市政基础设施）直接进行开发，为非公共领域的开发提供了可能性和约束性。以上海为例，1990年后的城市基础设施投资占全社会固定资产投资的比重大体在20%以上。

（三）加强土地市场的宏观控制

城市土地是城市各项建设不可缺少的资源。由于土地的国家所有，政府对土地市场拥有垄断地位。政府应加强对土地一级市场的控制，就等于抓住了各项建设的"牛鼻子"。

前些年，一些城市曾对城市国有土地进行大面积的出让，这犹如"批发"的行为，使土地的"批零差值"以及土地增值的潜在收益完全落入土地受让者囊中，政府不但减少了财源，也失去了对城市空间布局、土地使用的控制主动权。

根据香港的经验，政府严格控制土地的一级市场的土地投放量，使土地市场供应偏紧，以确保土地收益不流失。香港规定每年新批土地的上限为50公顷（合750亩），若有特殊情况，必须经过土地管理委员会批准方可增加。在20世纪80年代，仅1981年与1983年两年略超过50公顷（65.6公顷和53.9公顷）[1]。香港在1993年仅出售了24.93公顷，共34幅，每幅平均仅0.73公顷，但财政收入则达116亿港币，是当年财政年度政府收入的（1338亿港币）的8.7%[2]。上海1988年至1997年间，共出让内外销土地3659幅土地，总共面积138.6km$^2$，财政收入80亿人民币和20亿美元，相当于同期上海城市基础设施投入的15%～20%，可见土地资源对于政府的财政意义重大。

### 六、社区发展

1. 社区的涵义

社区的概念是德国社会学家F·滕尼斯（Ferdlinand Tönnies）在1877年出版的《社区与社会》一书中最先提出的。至今，有关社区的定义达上百种，但归纳起来主要有以下三个层面的涵义：

（1）社区是一个地理空间的概念。社区的存在是以一定的地域界线为基础的，无论农村社区还是城市社区，总是在一定的地域内存在的物质空间系统。我国的地域界线习惯上是一种行政区划，如区、街道、镇、村等。但是，社区的行政划分仅限于社会管理的需要。

（2）社区是由一定的社会群体构成的，是人们从事社会活动的一定的空间范围。社区内的群体可能是同一个阶层，也可能是不同阶层的聚集体。社区中群体的规模可大可小，人们的社会心理和生活方式可能是共同的，也可能是不同的。

（3）社区是社会的一种存在方式。社会既以国家的方式存在，又以社区的方式存在。社区是社会的一个子系统，现代"社区"是在地缘基础上结成的互助合作的群体。这种群体是以共识（传统、习惯、道德规范）、共同利益在自愿基础上形成的共同体。

综上所述，社区可以定义为：在一定地域范围内，具有某种互助关系和文化维系力的人类群体并进行一定的社会活动。因此，人口（自然主体）、地理环境（物质）、文化（精神）构成了社区构成的最基本要素。

2. 社区发展

社区发展的概念最早是由美国社会学家弗兰克·法林顿在1915年出版的《社区发展：将小城镇建成更加适宜生活和经营的地方》的著作中提出。此后，许多美国社会学家作过较为详细的论述，并为这一概念的发展和广泛应用奠定了基础。

社区发展实际上是第二次世界大战后由联合国提倡和推广的。第二次世界大战结束后，许多新兴的发展中国家，尤其是农业国家，面临着贫穷、疾病、失业、经济发展缓慢等一系列问题。要解决这些问题，仅仅依靠政府力量是远远不够的。在这种情况下，一种运用民间资源，发挥社会自助力量的构想应运而生。

社区发展首先是作为一个社会实践。从本世纪50—60年代以来，联合国就致力于推动社区发展计划的实践活动。社区发展是一种由社区居民联合一致，改善社区的经济、社会、文化环境，以促进国家进步的工作过程。即由居民自己的参与和创造,由政府提供技术协助和服务,以努力改善生活质量的活动。此过程可通过各种为促成社区进步的规划来实现。

世界各国在推行社区发展的趋向可归纳为下列六点:

①在实施地区方面:社区发展在城市和乡村同样受到重视。

②在推行组织方面:政府和民间联合起来共同推进,并尽量鼓励公众参与的趋势。

③在工作方法方面:日渐重视教育与组织的过程,按照社区规划指导社区发展。

④在推行模式方面:鼓励不同的模式,强调针对性和地方特色。

⑤在工作人员方面:专职、兼职和志愿者结合。

⑥在工作技术方面:重视专职人员和志愿人员的培训及社区领导人的调研活动等。

3. 我国的社区建设

社区发展研究既是国际社会,也是我国社会发展的重大的课题。建设有中国特色的社区在两个文明建设中具有重要意义。最近,我国已制定了《村民委员会组织法》,并即将颁布《城市居民委员会组织法》,这两项法规的颁布实施标志着我国的社区发展工作将进入一个崭新的历史时期。

在我国随着市场经济体制的日益完善,人们的择业、择居的自由度大大加强,在计划经济体制下单位办社会的状况已被打破,人们逐渐回归社会,从"单位人"转变为"社会人"。城市管理体制将管理重心下移到人们活动直接发生的层面。而属地的行政组织,街道办事处,又因管辖范围之大,许多问题力不从心,这就必须加强居民委员会的组织。居民委员会实质上是政府行政管理和社区自治的结合部。

社区群众自治组织的成长过程,还需要行政力量的推动和扶持。以共同的利益(如为了居住环境的安静、卫生、安全等)为切入点,激发群众的自我关心,参与意识。当前正逐渐推广住区物业管理,随着物业管理的市场化,就必然会促成"业主委员会"这种群众自愿组织的形成。以此为基地,从社区弱势群体的关注点入手,拓展群众的自愿组织和活动,如老人医务服务,退休人员的文娱体育活动,下岗人员的职业培训和就业介绍,家政服务、环境卫生、绿化养护等,促进自治组织的逐渐发展和完善。

社区建设是保证社会的稳定,提高居民素质和生活质量的重要环节。这是一个新问题,还需要不断探索,通过实践总结经验。

## 七、城市更新和城市历史文化遗产的保护

(一)城市历史文化遗产是城市发展的重要资源

《雅典宪章》提到"真能代表某一时期的建筑物,可引起普遍兴趣,可

以教育人民。"《马丘比丘宪章》指出"城市的个性与特征取决于城市的体型结构和社会特征。因此,不仅要保存和维护好城市的历史遗址和古迹,而且还要继承一般的文化传统。一切有价值的,说明社会和民族特性的文物必须保护起来。"

《威尼斯宪章》指出,历史古迹包括"能够见证某种文明,某种有意义的发展和某种历史事件的城市或乡村环境",并"由于时光流逝而获得文化意义的作用"。

《内罗毕建议》提出"考虑到历史地区是各地人类日常环境的组成部分,它们代表着形成其过去的生动见证,提供了社会多样化相对应所需的生活背景的多样化,并且基于以上各点,它们获得了自身的价值,又得到了人性的一面。""历史地区及其环境应被视为不可替代的世界遗产的组成部分。其所在国政府和公民应把保护该遗产并使之与我们时代的社会生活融为一体作为自己的义务。"《内罗毕建议》明确指出了保护城市历史文化遗存具有社会、历史和实用三方面的普遍价值,以及对城市环境和城市发展的贡献。

《华盛顿宪章》把历史地区的概念扩大到所有城市中,不仅是历史性城镇,"一切城市、社区,不论是长期逐渐发展起来还是有意创建的,都是历史上各种各样的社会表现。这些文化财产无论其等级多低,均构成人类的记忆。"它指出应该保护历史城区及其自然与人工环境,包括这些地区的文化。

城市历史文化遗产保护经历了从保护文物古迹、历史地段到历史文化城市及其自然与人工环境的过程。保护城市历史文化遗产的意义不仅仅在于保存城市历史发展的轨迹,以留存城市的记忆,也不只是继承传统文化,以延续民族发展的脉络。它同时还是城市进一步发展的重要基础,是城市发展不可再生的重要资源。

(二)城市历史文化遗产保护的原则与目标

关于城市历史文化遗产保护的原则与目标在上述文件中已有涉及。《马丘比丘宪章》提到:"保护、恢复和重新使用现有历史遗址和古建筑必须同城市建设过程结合起来,以保证这些文物具有经济意义并继续具有生命力。"《威尼斯宪章》中明确提出必须对文物古迹所处的一定规模的环境加以保护,"凡传统环境存在的地方必须予以保存。"保护的目的在于保存城市历史传统地区及其环境,并使其重新获得活力,保护历史地段应采用法律、技术、经济等措施,使之适应现代生活的需要。"考虑到自古以来,历史地区为文化、宗教及社会活动的多样化和财富提供了最确切的见证,保护历史地区并使它们与现代生活相结合是城市规划和土地开发的基本因素。"《华盛顿宪章》认为"保护应体现历史城镇和城区真实性的特征,包括物质的和精神的组成部分"。

城市历史文化遗产保护的目的,是对构成人类记忆的历史信息及其文化意义在城市中的具体表象进行保存,确保历史城镇、街区和文物整体的和谐关系,并适应城市可持续发展的需要。

(三)中国历史文化遗产保护体系

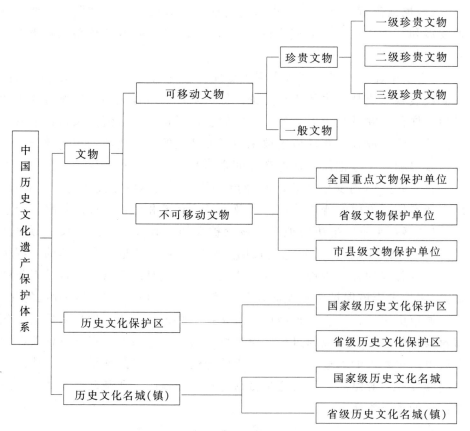

(四)城市历史文化遗产保护的要素及其保护的方式

1. 文物保护单位

根据《中华人民共和国文物保护法》第七条一款规定,文物保护单位指"革命遗址、纪念建筑物、古文化遗址、古墓葬、古建筑、石窟寺、石刻等文物,应当根据他们的历史、艺术、科学价值,分别确定为不同级别的文物保护单位"。同时,在《中华人民共和国文物保护法实施细则》中还规定"在文物保护法第七条一款所列的文物中尚未公布的文物保护单位的,由自治县、市人民政府予以登记,并加以保护"。

(1)文物保护单位的保护原则:

根据《中华人民共和国文物保护法》。"文物保护单位的保护范围内,不得进行其他建设工程。如有特殊需要,必须经原公布的人民政府和上一级文化行政管理部门同意。在全国重点文物保护单位范围内，进行其他建设工程必须经省、自治区、直辖市人民政府和国家文化行政管理部门同意"。"在进行修缮、保养、迁移的时候，必须遵守不改变原状的原则"。

(2) 文物保护单位的保护措施和保护范围：

根据《中华人民共和国文物保护法》的规定，"根据文物保护的实际需要经省、自治区、直辖人民政府批准，可以在文物保护单位周围划出一定的建设控制地带。在这个地带内，修建新建筑和构造物，不得破坏文物保护单位的环境风貌。其设计方案必须征得文化行政管理部门的同意后，报城乡规划部门批准"，"在建设控制地带内，不得建设危及文物安全的设施，不得修建其形式、高度、体量、色调与文物保护单位的环境风貌不相协调的建筑物和构筑物"。

根据上述文物保护法规定的精神，在实施保护时，通常根据文物保护单位本身价值和环境特点，设置绝对保护区及建设控制地带两个层次，对有重要价值或对环境要求十分严格的文物保护单位，可划出环境协调区为第三个层次的保护范围。

2. 其他历史建筑

除了必须对文物保护单位按国家文物法的规定进行保护外，对城市中的其他建筑的保护，应遵循是否保持城市空间景观的历史连续性，是否具有历史、文化、建筑和艺术方面的价值以及建筑本身完好程度的原则来确定。这些被保护建筑，既可能是古代的，也可能是近现代的。这些需要保护的建筑可能是某种建筑的类型，如我国北京的四合院和上海的里弄住宅等，像这样需要保护的建筑以不同的规模集中在城市的某些区域，则应以划定历史文化保护区的方式，保护其传统格局和风貌。

3. 历史文化保护区

"历史文化保护区应具有以下特征，要有真实的保存历史信息的遗存（物质实体）；要有较完整的历史风貌，即该地段的风貌是统一的，并能反映历史时期某一民族及某个地方的鲜明特色；要有一定的规模，以视野所及的范围内风貌基本一致，没有严重的视觉干扰。"历史文化保护区也常称历史街区。

"历史文化保护区的保护原则，首先它和文物保护单位不同，这里的人们要继续居住和生活，要维持并发扬它的使用功能，保持活力，促进繁荣；第二要积极改善基础设施，提高居民生活质量；第三要保护真实历史遗存，不要将仿方造假当成保护手段。"

"关于保护方法，首先要保护整体风貌，保护构成历史风貌的各个因素，除建筑外，还包括路面、院墙、街道小品、河道、古树等。外观按历史风貌保护修整，内部进行适应现代生活需要的更新改造。其次要采取逐步整治的作法，切忌大拆大建……。"

历史地段的保护一般可归纳为建筑的保护，街道格局、空间及景观界面的保护等内容。

4．历史文化名城

自1982年至1994年，我国陆续颁布了三批99个历史文化名城。各省市还颁布了一批省级历史文化名城。核定历史文化名城的标准包括三个方面：

①不但要看城市的历史，还要着重看当前是否保存有较为丰富完好的文物古迹，是否具有重大的历史、科学和艺术价值；

②作为历史文化名城现状的格局和风貌应该保留着历史特色，并具有一定规模或数量的，代表城市传统风貌的街区；

③文物古迹主要分布在城市市区或郊区，保护和合理使用这些历史文化遗产对该城市的性质、布局和建设方针有重要的影响。历史文化名城是我国对"保存文物特别丰富，具有重大历史价值和革命意义的城市"（《中华人民共和国文物保护法》），通过国家或地方政府确认，具有法定意义的历史城市。

历史文化名城保护规划应当纳入城市的总体规划，保护规划的内容、深度及成果要符合《历史文化名城保护规划编制要求》（建规［1994］533号）。历史文化名城保护应该包括文物保护单位的保护，其他历史建筑的保护，历史地段的保护和城市整体环境的保护。

（五）城市更新与城市历史文化遗产保护

1．城市更新及其目标

城市更新是指对城市中已经不适应现代生活需求的地区所作必要的、有计划的改建活动。在欧美各国，城市更新起源于二战后对不良住宅区的改造，随后逐渐扩展至城市其他功能地区的改造，并将其重点落在城市中土地使用功能需要转换的地区，如废弃的码头、仓储区和需要搬迁的铁路站场区、工业区等。城市更新的目标是针对城市中影响甚至阻碍城市发展的城市问题，这些城市问题的产生，既有环境方面的原因，也包括经济和社会方面的原因。

由于自然的和人为的各种原因，城市中不同程度地会出现生活环境不良的地区，导致这些不良地区出现的原因大致有九个方面：

①人口密度增高；

②建筑物老化；

③公共服务设施、公园和休憩设施不足；

④卫生状况差；

⑤交通混杂；

⑥火灾和疾病发生率高；

⑦土地和物业价格下降；

⑧相互有干扰的功能夹杂在一起；

⑨与新生活方式、内容的差距拉大。生活环境不良的地区不但影响居民的生活，也损害了城市形象，以至于导致城市或城市中的某些地区吸引力的减弱。一方面土地和物业不能实现其应有的价值，原有的人口结构和人与人之间的关系发生变化，从而导致社会问题的发生；另一方面，随着城市的发展，城市某些地区空间布局不当或原有功能衰退，结果既影响了该地区及周围的城市环境、也破坏了城市形象的完整性和城市功能在空间上的延续性，阻碍了城市的合理发展，需要有计划地进行改造，以满足人民群众日益增长的物质和精神生活需求。

2．城市更新的内容与方式

（1）城市更新的内容

①基础设施的改造

历史地段和旧城的基础设施一般较差。基础设施的改造包括供水、供电排水、供气和取暖等管网，垃圾收集清理设施，道路路面等街区市政基础设施的改造和完善。

②居住环境的改善

居住环境的改善除了建筑物内部的改造外，从城市规划的角度还包括居住人口规模的调整和户外居住环境质量的提高。

保持适当的居住人口是维持旧城生存活力的基本条件。过密或过疏的人口密度既不利于保护，也不利于城市发展。对居住人口密度过大的旧城地区，特别是历史地段中，不可能依靠增加大量新的建筑面积来使该地段的居民达到舒适的居住面积标准和户外环境标准，因此适当减少居住人口，调整居民结构，迁走一定的住户，同时拆除搭建建筑和少量无价值的破损建筑，增加绿地与空地，以保证依然居住在历史地段的居民，达到一定的居住标准和质量。对居住人口密度太低的历史地段，则应该考虑如何更新、改善以吸引居民来此居住、工作和消费，恢复历史地段的活力。

③功能的定位与土地使用的调整

旧城区在不同程度上均存在着适应现代城市发展的问题，它关系到旧城的复兴、发展及其在城市中的地位和对城市的贡献，因而如何在城市的发展中保持并发挥旧城的作用，具有十分重要的意义。应该对旧城区或旧城区的某些地段，在城市中的功能作重新的定位，并通过地段土地使用的调整来逐步实现更新。

④交通的重组

在一些人口密集、交通拥挤的旧城区，原来的街巷无法适应现代交通工具。

对历史地段而言，应在满足居民对现代化交通的需求与保护历史地段的历史文化环境特征之间寻求平衡，一般采取的解决方案是最大限度地将交通疏导到历史地段的外围或是在街区内利用现有街道组织单向交通，或是两种措施并用，以保持历史地段的空间景观特征。在历史地段中一般不主张采用拓宽原有街道的作法来解决交通问题，新辟道路、新建停车场等均应在选线、选址、尺度等方面尽量与历史地段整体协调。

⑤城市公共空间系统的完善

旧城的城市公共空间，由于各种主客观的原因有些被占用，有些已失去了其原有的使用功能，有些设施不完善，有些环境不理想，还有些不能适应现代生活的需要。总之，这些公共空间存在着各种各样的问题，对城市的形象和居民的使用均造成了不利的影响，需要优化。同时，通过增加城市的公共空间来改善城市的整体生活环境和空间景观，完善城市的公共空间系统，也是城市更新的重要内容之一。

对处于城市保护范围内和其他具有历史意义和价值的城市公共空间，应该保持它的空间尺度和周围空间界面的特征，其功能可以根据发展的要求作适当的改变。其他城市公共空间的改造和新增，均应以城市总体规划和城市设计为依据。

(2) 城市更新的方式

①重建或再开发

重建或再开发是将城市土地上的现有建筑予以拆除，并适应城市发展的要求，重新建设。重建或再开发的对象是有关城市生活环境要素的质量已全面恶化的地区。重建是一种最为完全的更新方式，但这种方式在城市空间环境和景观方面，在社会结构和社会环境的变动方面，都可能产生重大的影响。

②改建

改建是对建筑物的全部或一部分予以改造或更新设施，使其能够继续使用。改建的对象是建筑物和其他市政设施尚可使用，但由于缺乏维护而产生设备老化、建筑破损、环境不佳的地区。对改建地区也必须做详细的调查和分析，大致可细分为以下三种情况：维修、改建和部分拆建，更新公共设施。

改建的方式比重建需要的时间短，也可减轻安置居民的压力，投入的资金也较少。

③维护

维护是对仍适合于继续使用的建筑予以保留，并通过修缮活动使其继续保持或改善现有的使用状况。维护适用于建筑物仍保持良好的使用状态，整体运行情况较好的地区。维护是变动最小、耗资最低的更新方式，也是一种预防性的措施，适用于工程量大的城市地区。虽然可以将更新的方式分为三类，但在实际操作中应视当地的具体情况，将某几种方式结合在一起使用。

### 八、基础设施建设和城市功能完善

城市基础设施是支撑城市庞大系统的基础，是保证城市生存、持续发展的支撑体系。

（一）城市基础设施的定义与分类

基础设施泛指由国家或各种公益部门建设经营，为社会生活和生产提供基本服务的非营利行业和设施。原城乡建设环境保护部等单位在北京召开的"城市基础设施学术讨论会"将城市基础设施定义为"城市基础设施是既为物质生产又为人民生活提供一般条件的公共设施，是城市赖以生存和发展的基础"。城市基础设施一般包括交通、水、能源、通信、环境、卫生、防灾等六大系统。

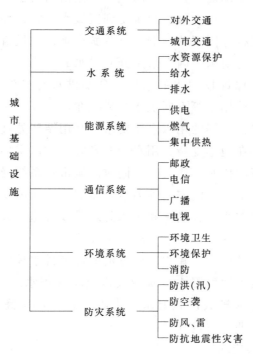

图 2-3-5 我国常规的城市基础设施分类简图

(二) 城市基础设施建设与城市功能的完善

建设配置齐全、布局合理、容量充足的城市基础设施，是完善城市功能的必需手段。城市功能的完善和强化必须具有强大的基础设施支撑。

1. 道路交通设施

一般城市都首先要保证完善的常规道路交通系统，对于大城市则需要有快速、完善的城市综合交通系统，包括地面、地下和架空、水上等立体交通体系，以满足城市居民日常出行便捷、快速、安全、舒适等要求，满足城市交通运输的快速、大运量、大容量等需要。大城市对外交通的需求尤为突出，需要有大容量、高效率的航空港、铁路和公路交通枢纽、水上客货运站。

与此同时，随着经济发展和人民生活水平提高，汽车等交通工具的大幅度增长，尤其是私人小汽车的增长，对停车场所、加油站、车辆清洗场等各类静态交通设施的需求日益增长，要求城市中心有大量的社会停车场，公共建筑和居住区有足够的停车泊位。

2. 城市供水、排水

城市供水（含水资源保护）、排水工程构成城市水系统。

城市供水不仅要满足日益增加的生产、生活的需求，而且要满足环境用水和消防用水的要求。由于城市给水受到区域水资源、原水水质以及城市地形、环境、排水工程等因素的影响，有些城市难以用最直接的方法，满足对水质、水量、水压的要求，因而采用分质供水的方法，在大部分原水水质低下的情况下，优先保证饮用水的水质。分质供水有专设饮用水管道供应系统、净水站及瓶装饮用水等不同供水方式。在水资源总量不足的情况下，可采用中水系统，根据不同的用水水质要求，利用循环处理后的水，以保证城市实际用水总量。在地形复杂、用水量差异大的城市采用分区分质供水，以满足城市不同地域的供水水质要求。同时，城市水系统受制于流（区）域水资源、地表水和地下水水流方向等因素的影响，往往需要在区域范围内，统一协调布置城市的取水工程设施和污水处理排放设施，以保证各个城市用水的水质，有利于流（区）域污水处理和水环境保护。

一般情况下，城市要求建立雨污分流的城市排水体制。雨水排放设施要迅速收集、排放城市地区降水，减少或避免城区积水，有效抗御洪水侵袭，确保城市安全；污水排放设施要求污水收集和处理率高，污水处理达标率高，运行经济、合理、效益好。

3. 城市能源供应

当今城市需要电、燃气等高效、洁净的能源。随着城市经济发展和居民生活水平的提高，城市用电量增大，设备负荷增加，并对电压稳定性有很高的要求，需要大容量的电源和满足负荷要求的变配电设施及电力线路。对燃气的种类、热值等有相应的要求、需要热值高、不凝水、来源稳定的燃气气源，以及性能强、压力稳定的输配气设施和管道系统；使用石油液化气的城市，要合理布置气化站、储存设施等，注意保障城市的安全；根据城市所在区域的情况和城市生活、生产的需求，可选择供应城市生活热水的供热系统和用于生产为主的蒸气供热系统；要配置容量大、性能强的城市热电厂、区域性锅炉房、调压站和供热管道系统。城市电力系统通常受区域电力网制约，需要根据城市自身要求和区域综合协调的原则，布置城市发电厂、区域变电所等设施。

4．城市通信

随着信息化社会的到来，城市通信种类增多，信息量增大，需要扩大广播电视台站的频道、节目制作数量，提高电话普及率、接通率，扩展电信业务种类，提高移动通信的覆盖率和通话质量。城市通信系统需要加强广播电视台站、电信局所的容量、功率，并加强微波通信，形成安全可靠、完备的城市通信系统。随着计算机网络系统的发展，网上信息交流、购物等业务的开展，以及居住区的智能化服务、物业管理等需求增长，城市通信系统成为城市现代化建设的重要内容。

5．城市防灾

城市防灾不仅要求增强城市消防、防洪（防汛、防潮）、抗震、防空等专业系统防灾能力，而且要求提高城市综合防灾能力，确保城市防灾生命线系统的安全。要合理利用各种防灾设施和空间，防空设施要平战结合，提高利用率；要妥善处理防灾设施与城市空间、景观特色的关系。住宅区的治安监控系统要逐渐向智能化发展，强化居住区的安全保卫。

6．城市垃圾处理和环境卫生设施

当前，城市各类废弃物增多，城市垃圾处理已成为城市环境卫生的热点和难题。需要选择适当的地址建设处理能力大、无害化与综合利用率高的城市垃圾处理场。同时需要设置与城市规模相匹配的环境卫生设施，对公共厕所的数量、分布都应科学合理安排。

（三）城市基础设施的综合配置

城市基础设施的配置必须处理好各项设施的相互关系。

城市道路是联系各项工程设施的纽带，是城市给水、排水、供电、燃气、供热、通信等工程管线敷设的载体。城市大部分的工程管线敷设于城市道路下面，部分工程管线沿道路上空架设。城市道路的坡向、坡度、标高将直接影响重力流方式的城市工程管线的敷设，因此，需要与有关工程设施统筹考虑，相互协调。此外，城市道路的路幅宽度、横断面形式等除了满足交通需求外，还需要满足保证各种管线间一定空间距离的要求，由于道路空间内集中城市的主要工程管线，如防止高压电、低压电干扰，重力管和压力管间的卫生距离以及满足各种工程管线敷设的水平安全距离、防灾安全距离等要求。

为了保证航空港通讯、导航的安全，在飞机场周围一定空间范围内，对建筑物、构筑物有严格的限制性规定，并禁止或限制布置强磁场的电力设施和其他无线电通讯设施。

为了保证各类工程设施的安全和整个城市的安全，易燃易爆工程的管线设施之间应有足够的安全防护距离。如发电厂、变电所、各类燃气气源厂、燃气储气站、液化石油气储罐、供应站等均应有足够的安全防护范围。原则上电力设施与燃气设施不应布置在相邻地域，电力线路与燃气管道不得布置在道路的同侧，各类易燃易爆管道应有足够的安全防护距离等。因此，必须进行城市工程管线综合工作，从水平方向和垂直方向上，根据各种工程管线的功能、安全、技术和材料等因素，合理地布置各类工程管线，综合协调各类管线交叉、衔接等相互关系。

在交通运输十分繁忙和管线繁多的道路，以及兴建地下铁路、立体交叉等工程地段，不允许随时挖掘路面，应采用综合管沟来集中敷设工程管线。

交通、供水、排水、防洪、电力、通信、燃气等城市基础设施与区域经济密切相关。由于城市水系统受河流水系的流域特性以及地形地貌等因素的制约，城市给水、排水、防洪工程等基础设施建设，必须从流域范围综合研究城市水源工程、管网系统、污水处理与排放工程以及防洪工程设施等，需要该流域内数个城市协同规划，合理布置上述的各项工程设施，有时还需要几个城市规划合建自来水厂、污水处理厂等设施。

航空港、铁路、港口、高速公路等基础设施具有较强的区域性功能，尤其航空港不仅是某个城市的对外交通设施，也是区域的对外交通枢纽。城市航空港的规划布局必须综合分析区域内相关城市当前和未来的客货运量、流向，该区域内现有航空港与规划的航空港的关系，本航空港与区域现有和未来的铁路、公路、水运等交通设施的衔接等一系列影响因素，统筹安排，切忌重复建设。

城市电力系统更具有区域的特性。无论是引入城市的电源，还是城市电厂，均与区域电网密不可分。

城市电信基础设施必须与现有和规划的电信干线相衔接，合理确定城市电信枢纽的位置。布置城市燃气气源工程设施时，必须综合研究区域送气网络布置，合理布置天然气门站等气源工程设施，确定本城市燃气管网的压力配置。

## 九、城市特色与形象的塑造

城市形象是指人们对自然、人文、社会诸要素所认知的城市整体的物质形态。

城市景观是城市轮廓、天际线、街道、广场、建筑群、园林绿化、标志物、山水林木、自然山水以及人群的活动所构成的城市景象。

独特的自然和人文环境、景观、形象构成城市的特色。

### （一）保护城市的景观资源

城市的地形地貌、历史胜迹、人文风情，是构成城市景观特色的主要资源。城市景观资源包括以下三大类：

1．自然景观资源

地理特性是景观形成的基础，表现出景观整体的自然特性。它包括山地、丘陵、河湖、岛屿等基本地形要素和溪谷、山坡、涌水等微地形要素，绿地、滨水地带更是为人们所钟爱。

2．历史景观资源

指人们通过长期的各种活动铭刻在土地上的历史文化留存。它包括：史迹遗址、古建筑、构筑物、庭院、历史街区、村落以及民俗民风、祭祀等无形文化遗产等。

3．社会景观资源

指作为景观而记述、表现现代城市社会的各种因素。它主要包括：市中心区、商业街区、滨河地带、特色居住区、道路、铁路沿线、标志性建筑、大型桥梁等。

城市景观资源中的前二类具有不可再生性。

城市景观的塑造要充分依托景观资源条件，确保城市建设与自然呼应，与历史对话，与社会风情融和。衡量城市景观规划与建设水平的一个简明的标准是，在城市空间布局、视觉通道、景观图底关系等方面，城市景观资源是否得以充分利用并具有充实的表现力。

城市景观的特色是指所有城市感性要素之间和谐关系的明晰性。衡量城市景观是否具有特色，主要涉及"和谐关系"、"明晰性"二个方面。

城市景观的客观构成是多样的，和谐是指自然环境、人工环境和社会生活图景之间的整体和谐。不和谐的多样性给人的感觉是杂乱、模糊。明晰是指景观的最强属性得以充分体现，成为区别于其他城市的重要标志。

### （二）加强城市设计，突出城市特色

城市设计是以城市空间环境的创造为主要内容的一项规划工作，它应贯穿在城市规划各个阶段中。这里主要讨论城市总体规划阶段的城市设计问题。

1．城市设计的任务

在城市总体规划阶段，城市设计应对影响城市总体形象的关键因素及城市开敞空间的结构，进行统筹安排。以提高城市景观资源的配置效率，增强景观要素的有效组合所产生的吸引力，展现城市的灵性、魅力和底蕴，增强城市景观的社会功能。

具体任务包括：调查与评价城市的景观资源和户外游憩条件，确定主导性的优势景观及其影响范围，确定城市景观的定位与特色，综合部署城市景观骨架及重点景观地带的构想，协调城市景观建设与相关城市建设的关系，处理远期发展与近期建设的关系，指导城市景观建设的有序发展。

2．城市设计的原则

城市总体规划阶段，设计要突出从总体上调控城市空间发展，形成有序、和谐、明晰的城市景观，对城市大范围的特有韵律和整体特色进行高层次的艺术构思。总体上遵循以下原则。

（1）特色原则：识别和提炼区别于其他城市的最强的感知属性，突出城市景观要素和谐关系的明晰性，避免"千城一面"。

（2）舒适性原则：充分考虑人们在城市环境中的行为规律，创造便利、舒适、安逸的城市生活环境。

（3）审美原则：充分考虑感官与文化心理对城市纷杂信息的评价标准，创造有内涵、可识别、和谐、悦目的城市审美情趣。

（4）生态环境原则：城市景观系统规划必须在改善生态环境方面做出最大努力，充分利用阳光、气候、动植物、土壤、山川、水体等自然资源，通过人工手段的组织和协调，创造健康、优美的生存环境。

（5）因借原则：城市景观建设须借助山脉、河湖、林地等自然景观的大背景，巧妙地引入城市的视野，因地制宜地保护与开发城市景观资源。

（6）保护历史文化的原则：重视城市历史文化的保护与继承，重视城市景观的历史延续性及其本土文化特性。

（7）整体性原则：在总体规划阶段，城市设计要求合理组织城市的景观系列，注重景观的整体协调性，充分显示城市的整体韵律和整体特色。

3．城市设计的内容

总体规划阶段城市设计的主要内容如下。

（1）依据城市自然、历史文化特点和经济社会发展战略的要求，确定城市景观系统规划的指导思想和规划原则。

（2）调查分析与评价城市景观资源的特点，选出能与其他相关城市相区别的核心，并研究进一步强化的对策。

（3）协调城市景观与城市土地使用的关系，确定城市景观布局的结构。

（4）确定城市景观控制区、控制点，如城市背景、制高点、出入口、重点视廊视域、特征地带等，并提出相关规划要求。

（5）确定需要保留、保护、利用和开发建设的城市公共活动空间，整体安排客流集散中心、闹市、广场、步行带、标志性建筑、名胜古迹、滨水地带和公园绿地的结构布局。

（6）确定分期建设步骤和近期实施项目。

（7）提出实施管理建议，为市民和开发商提供更多的规划信息；为开发建设行为提供景观设计的指导；健全管理机制，制定城市设计的实施措施。

## 第四节  我国城市规划事业的发展

### 一、我国城市规划事业的发展历程和经验业绩

（一）国民经济恢复时期（1949—1952年）——整治城市，迎接大建设

在建国前夕，1949年2月毛泽东同志就指出"从现在起，开始了城市到乡村并由城市领导乡村的时期，党的工作重心由乡村移到了城市"，"必须用极大的努力去学会管理城市和建设城市"。

1949年10月，中华人民共和国成立，标志着半封建半殖民地制度的覆灭和社会主义新制度的诞生。从此，城市规划和建设进入了一个崭新的历史时期。

新中国成立之初，城市面临着医治战争创伤，恢复生产，整顿社会秩序，安定人民生活等重要问题，城市建设工作提上了议事日程。当时，主要是建设急需的城市基础设施，整治城市环境，改善劳动人民居住条件。同时，建立城市建设管理机构，加强城市的统一管理。

1951年2月，中共中央在《政治局扩大会议决议要点》中指出"在城市建设计划中，应贯彻为生产、为工人阶级服务的观点。"明确规定了城市建设的基本方针。当年，主管全国基本建设和城市建设工作的中央财政经济委员会还发布了《基本建设工作程序暂行办法》，对基本建设的范围、组织机构、设计施工以及计划的编制与批准等都作了明文规定。

1952年9月，为使城市建设工作适应国家经济由恢复向发展的转变，为大规模经济建设做好准备，中央财政经济委员会召开了新中国建国以来第一次城市建设座谈会，提出城市建设要根据国家长期计划，分别不同城市，有计划、有步骤地进行新建或改造，加强规划设计工作，加强统一领导，克服盲目性。会议决定：第一，从中央到地方建立和健全城市建设管理机构，统一管理城市建设工作。第二，开展城市规划工作，要求制定城市远景发展

的总体规划，在城市总体规划的指导下，有条不紊地建设城市。城市规划的内容要求参照苏联专家帮助起草的《中华人民共和国编制城市规划设计与修建设计程序（初稿）》进行。会后，中央财政经济委员会计划局基本建设处会同建筑工程部城建处组成了工作组到各地检查，促进了重点城市的城市规划和城市建设工作的开展。从此，中国的城市建设工作开始了统一领导，按规划进行建设的新时期。

（二）第一个五年计划时期（1953—1957年）——创立城市规划体制

经过三年国民经济恢复，自1953年起，我国进入第一个五年计划时期，第一次由国家组织有计划的大规模经济建设。城市建设事业作为国经济的重要组成部分，为保证社会与经济的发展，服务于生产建设和人民生活，也由历史上无计划、分散建设进入一个有计划、有步骤建设的新时期。

"一五"时期，国家基本建设的主要任务是：集中主要力量进行以前苏联援助的156个建设项目为中心、由694个建设单位组成的工业建设，目标是建立社会主义工业化的初步基础。随着社会主义工业建设的迅速发展，在中国辽阔的国土上，出现了许多新的工业城市、新的工业区和工人镇。由于国家财力有限，城市建设资金主要用于重点城市和有些新工业区的建设。大多数城市的旧城区建设，只能按照"充分利用、逐步改造"的方针，充分利用原有房屋和市政公用设施，进行维修养护和局部的改建和扩建。

这一时期的城市规划和建设工作：

一是加强和健全城市建设机构，加强对城市规划和建设工作的领导。1953年3月，在建工部设城市建设总局，主管全国的城市建设工作。1953年5月，中共中央发出通知，要求建立和健全各大区财委的城市建设局（处）及工业建设比重比较大的城市的建设委员会。1956年，国务院撤销城市建设总局，成立城建部，内设城市规划局等职能机构，分别负责城建方面的政策研究及城市规划设计等业务工作的领导。

二是加强城市规划和建设方针政策研究和规范的制定。1953年6月，周恩来总理指示"城市建设上要反对分散主义的思想"，"我们的建设应当是根据工业发展的需要有重点有步骤地进行"。1954年6月，建工部在北京召开了第一次城市建设会议。会议着重研究了城市建设的方针任务、组织机构和管理制度，明确了城市建设必须贯彻国家过渡时期的总路线和总任务，为国家社会主义工业化，为生产、为劳动人民服务。并按照国家统一计划，采取与工业建设相适应的"重点建设、稳步前进"的方针。1955年6月，政务院颁布设置市、镇建制的决定。1956年，国家建委颁发了《城市规划编制暂行办法》，这是新中国第一部重要的城市规划立法。该《办法》分7章

44条，包括城市规划基础资料、规划设计阶段、总体规划和详细规划等方面的内容，以及设计文件和协议的制定办法，它以前苏联《城市规划编制办法》为蓝本，内容与之大致一体。这一时期，政务院还颁布了《国家基本建设征用土地办法》。

三是根据工业建设的需要，1953年5月国家计委成立基本建设联合办公室，并开展联合选择厂址工作，并组织编制城市规划，使规划和计划紧密结合。1953年9月，中共中央指示"重要的工业城市规划必须加紧进行，对于工业建设比重较大的城市更应迅速组织力量，加强城市规划设计工作，争取尽可能迅速地拟定城市总体规划草案，报中央审查"。1954年6月第一次全国城市建设会议决定，完全新建的城市与建设项目较多的扩建城市，应在1954年完成城市总体规划设计，其中新建工业项目特别多的城市还应完成详细规划设计。"一五"期间全国共计有150多个城市编制了规划。到1957年，国家先后批准了西安、兰州、太原、洛阳、包头、成都、郑州、哈尔滨、吉林、沈阳、抚顺等15个城市的总体规划和部分详细规划，使城市建设能够按照规划，有计划按比例地进行。加强生产设施和生活设施配套建设，是"一五"时期新工业城市建设的一个显著特点。

"一五"时期，在短短的几年内建立了机构，制定了政策、法规，组织了规划的编制和审批，创建了中国的城市规划体制，中国城市规划工作取得了重要进展，为中国城市规划事业的发展奠定了基础。

（三）"大跃进"和调整时期（1958—1965年）——城市规划大起大落

从1958年开始进入"二五"计划时期。1958年5月，中共八届二中全会确定了"鼓足干劲、力争上游、多快好省地建设社会主义"的总路线。会后，迅速掀起了"大跃进"运动和人民公社化运动，高指标、瞎指挥、浮夸风和"共产风"等"左"倾错误泛滥起来。1960年5月，建工部在广西桂林市召开了第二次全国城市规划工作座谈会。座谈会提出"要在十年到十五年左右的时间内，把我国的城市基本建设成为社会主义的现代化的新城市"。对于旧城市，也要求"在十到十五年内基本上改建成为社会主义的现代化的新城市。"当时，城市人民公社正在蓬勃兴起，座谈会要求根据它的组织形式和发展前途来编制城市规划，要体现工、农、兵、学、商五位一体的原则。在"大跃进"高潮中，许多省、自治区对省会和部分大中城市在"一五"期间编制的城市总体规划重新进行修订。这次修订是根据工业"大跃进"的指标进行的，城市规模过大，建设标准过高，城市人口迅速膨胀，住房和市政公用设施紧张。只有十几万人的湖北襄樊市规划规模为120万人。同时，征用了大量土地，造成很大的浪费。城市发展失控，打乱了城市布局，恶化了城市环境。对于这些问题，本应该让各城市认真总结经验教训，通过修改规划，实事求是地予以补救，但在1960年11月召开的第九次全国计划会议上，却草率地宣布了"三年不搞城市规划"。这一决策是一个重大失误，不仅"大跃进"中形成的不切实际的城市规划无从补救，而且导致各地纷纷撤销规划机构，下放规划人员，使城市建设失去了规划的指导，造成了难以弥补的损失。

1961年1月，中共中央提出了"调整、巩固、充实、提高"的"八字"方针，做出了调整城市工业项目、压缩城市人口、撤销不够条件的市镇建制，以及加强城市建设设施养护维修等一系列重大决策。经过几年调整，城市设施的运转有所好转，城市建设中的其他紧张问题也有所缓解。在国民经济调整时期，1962年10月中共中央、国务院联合发布《关于当前城市工作若干问题的批示》，规定今后凡是人口在10万人以下的城镇，没有必要设立市建制。今后一个长时期内，对于城市，特别是大城市人口的增长，应当严加控制。计划中新建的工厂，应当尽可能分散在中小城市。1962年和1963年，中共中央和国务院召开了两次城市工作会议，在周恩来总理亲自主持下，比较全面地研究了调整期间的城市经济工作。1962年国务院颁发的《关于编制和审批基本建设设计任务书的规定（草案）》，强调指出"厂址的确定，对工业布局和城市的发展有深远的影响"，必须进行调查研究，提出比较方案。1964年国务院发布了《关于严格禁止楼堂馆所建设的规定》严格控制国家基本建设规模。

经过几年调整，城市建设刚有一些起色，但"左"的指导思想对城市建设决策产生的错误，并未得到纠正，甚至在某些方面还有进一步的漫延。1964年和1965年，城市建设工作又连续遭受了几次挫折。这主要表现在：

一是不建集中的城市。1959年，在国家经济困难的条件下，大庆油田在一片荒原上建设矿区，提出建设"干打垒"房屋，"先生产、后生活"，"不搞集中的城市"，这是符合当地和当时条件的。周恩来同志视察大庆时题词："工农结合、城乡结合、有利生产、方便生活"。但在1964年2月全国开展"学大庆"运动之后，机械地将这四句话作为城市建设方针，城市房屋搞"干打垒"，以为这就是"城乡结合"和"工农结合"。毛泽东同志结合当时国际形势提出"三线"建设的方针，要求沿海一些重要企业往内地搬迁，各省、市也搞"小三线"。林彪又提出"靠山、分散、进洞"，不建城市的思想。

二是1964年"设计革命"在"左"的思想指导下开展起来，除批判设计工作存在贪大求全、片面追求建筑高标准外，还批判城市规划只考虑远景，不照顾现实，规模过大，标准过高，占地过多，要求过急的"四过"。

各地纷纷压规模、降标准，又走向另一极端，同样给城市建设造成危害。1965年3月开始，城市建设资金急剧减少，使城市建设陷入"无米之炊"的困境。这些"左"的方针给全国城市合理布局，工业生产和人民生活的提高，城市规划和建设的健康发展，带来了极为严重的负面影响。

在这一时期，城市城市规划大起大落，从总体看，城市遭到了较大的挫折。

（四）"文化大革命"时期（1966—1976年）——城市规划工作遭到严重破坏

1966年5月开始的"文化大革命"，无政府主义大肆泛滥，城市规划和建设受到严重冲击，造成了一场历史性的浩劫。

1966年下半年至1971年，是城市建设遭到破坏最严重的时期。"文化大革命"一开始，国家主管城市规划和建设的工作机构即停止了工作，各城市也纷纷撤销城市规划和建设管理机构，下放工作人员，地市建设档案资料大量销毁，造成城市建设和城市管理极为混乱的状态。1967年1月，国家建委在《关于1966年北京地区的建房计划审查情况和对1967年建房计划的意见》中，提出了北京市"旧的规划暂停执行"，并且规定"1967年的建设，凡安排在市区内的，应尽量采取'见缝插针'的办法，以减少占土地和少拆民房"，要求"干打垒"建房。这个文件下达后，给北京的城市建设带来极大危害，并且影响全国。这一时期，由于城市建设处于无人管理的状态，到处呈现了乱拆乱建、乱挤乱占的局面，特别是在破"四旧"的运动中，古建文物、园林遭到大规模破坏，私人住房被挤占。

"文化大革命"后期，在周恩来和邓小平同志主持工作期间，对各方面进行了整顿，城市规划工作有些转机。1972年5月30日，国务院批转国家计委、建委、财政部《关于加强基本建设管理的几项意见》，其中规定"城市的改建和扩建，要做好规划"，重新肯定了城市规划的地位。1973年9月国家建委城建局在合肥市召开了部分省市城市规划座谈会，讨论了当时城市规划工作面临的形势和任务，并对《关于加强城市规划工作的意见》《关于编制与审批城市规划工作的暂行规定》《城市规划居住区用地指标》等几个文件草案进行了讨论。这次会议对全国恢复和开展城市规划工作是一次有力的推动。1974年，国家建委下发《关于城市规划编制和审批意见》和《城市规划居住区用地控制指标》试行，终于使十几年来被废弛的城市规划有了一个编制和审批的依据。沈阳市于1975年率先完成了总体规划的修订，但由于"四人帮"的干扰和破坏，1975年6月沈阳规划审查会，被转成"反击右倾翻案风"的批判会。许多下发的文件并未得到真正执行，城市规划工作仍未摆脱困境。总之，"文革"10年，城市规划作遭受空前浩劫，造成了许多难以挽救的损失和后遗症。在这期间，1976年唐山地震，在唐山市灾后重建，上海金山石化基地和四川攀枝花钢铁基地建设上，城市规划工作者排除干扰，做出了贡献。

（五）拨乱反正、改革开放时期（1977年至今）——城市规划恢复重建与大发展

粉碎"四人帮"，结束了"文化大革命"的十年动乱，中国进入了一个新的历史发展时期。1978年12月中共十一届三中全会做出了把党的工作重点转移到社会主义现代化建设上来的战略决策，以这次会议为标志，我国进入了改革开放的新阶段。城市规划工作开始了拨乱反正，逐步恢复、重建，并获得空前大发展。

1978年，针对"文化大革命"对城市建设各方面造成的严重破坏，国务院召开了第三次城市工作会议。中共中央批准下发《关于加强城市建设工作的意见》，对城市规划和建设制订了一系列方针政策，解决了几个关键问题：

一是强调了城市在国民经济发展中的重要地位和作用，要求城市适应国家经济发展的需要，并指出要控制大城市规模，多搞小城镇，城市建设要为实现新时期的总任务做出贡献。

二是强调了城市规划工作的重要性，要求全国各城市，包括新建城镇，都要根据国民经济发展计划和各地区的具体条件，认真编制和修订城市的总体规划、近期规划和详细规划，以适应城市建设和发展的需要。明确"城市规划一经批准，必须认真执行，不得随意改变"，并对规划的审批程序做出了规定。

三是解决了城市维护和建设资金来源。这次会议对城市规划工作的恢复和发展起到了重要的作用。1979年3月，国务院设立城市建设总局，直属国务院，由国家建委代管。一些主要城市的城市规划管理机构也相继恢复和建立。

1980年10月国家建委召开了建国以来第一次全国城市规划工作会议，会议要求城市规划工作要有一个新的发展。同年12月国务院批转《全国城市规划工作会议纪要》。"纪要"第一次提出要尽快健全我国的城市规划法制，改变只有人治、没有法治的局面，也第一次提出"城市市长的主要职责是把城市规划、建设和管理好"。"纪要"对城市规划的"龙头"地位，城市发展的指导方针，规划编制的内容、方法和规划管理等内容都作了重要阐述。这次会议系统地总结了城市规划的历史经验，批判了不要城市规划和忽视城市建设的错误，端正了城市规划指导思想，达到了拨乱反正的目的，在城市规划事业的发展历程中，占有重要的地位。

全国城市规划工作会议之后,为适应编制城市规划的需要,国家建委于1980年12月正式颁发了《城市规划编制审批暂行办法》和《城市规划定额指标暂行规定》两个部门规章。这两个规章的颁行,为城市规划的编制和审批提供了法规和技术的依据。此后,全国各地城市普遍开展了城市总体规划的编制工作。我国的城市进入按照规划进行建设的新阶段。

1984年,国务院颁发了《城市规划条例》。这是新中国建国以来城市规划领域第一部法规,是对建国30年来城市规划工作正反两方面经验的总结,标志着我国的城市规划步入依法管理的轨道。1987年10月,建设部在山东省威海市,召开了全国首次"城市规划管理工作会议",对推动依法加强规划管理工作发挥了重要作用。

1988年,建设部在吉林召开了第一次全国城市规划法规体系研讨会,提出建立我国城市规划法规体系。它包括有关法律、行政法规、部门规章、地方性法规和地方规章。在后许多省、市、自治区相继制订和颁发了相应的条例、细则或管理办法。这些法规文件的制定,有效地保证了在我国城市建设按规划有序进行。

1990年4月1日,新中国第一部城市规划法律《中华人民共和国城市规划法》(以下称《城市规划法》)正式施行。这是新中国城市规划史上的一座里程碑,标志着我国在规划法制建设上又迈出了重要的一步。

在此期间,国家还颁布实施了一系列与城市规划相关的法律,如《土地管理法》、《环境保护法》《房地产管理法》《文物保护法》等,这就为我国城市科学、合理地建设和发展提供了有力的法律保障。

进入九十年代,随着改革的不断深化,社会主义市场经济的建立和不断完善,全方位对外开放的步伐不断加快,城市规划机构和队伍建设、法制建设、新技术推广应用等取得了重大进展,规划设计和管理水平不断提高,在理论和实践上不断开拓、创新,城市规划事业空前繁荣兴旺。在城市规划的指导下,我国的城市加快了现代化建设的步伐,城市基础设施和公共设施建设、环境保护和整治、住房和社区建设都取得了重大进展,初步形成了大中小城市协调发展的格局,城市素质得到很大提高,城市面貌发生了历史性的巨大变化。

## 二、我国城市规划工作面临的形势和任务

(一) 当前我国城市规划工作面临的基本形势

随着市场经济体制日益完善,政府职能的转变,"城市人民政府的主要职责是抓好城市规划、建设和管理"已深入人心,各级领导对城市规划、建设和管理工作十分重视,城市规划编制工作普遍开展和深化,城市规划法制不断完善,规划实施管理进一步加强,城市规划形势很好,但也面临着新的

挑战。

1. 全球信息化和经济全球化使我国城市建设和发展面临许多新的问题，信息产业、高科技产业迅速发展，并促进其他产业的优化组合和升级换代。我国已加入WTO，面向开放的世界市场，经济发展逐步与国际经济接轨。上述情况，将引发人们工作和生活方式的变革，影响我国城镇化进程和城市空间结构的变化。城市规划工作面临许多新的理论和实践问题。

2. 我国西部大开发战略的实施，成为推进国家经济持续增长的新动力。要求城市和城市规划建设在实施西部大开发战略，促进区域经济协调发展中发挥更大的作用。我国东西部的经济和城镇发展存在着显著的地区差异，西部城镇发展既具有有利的机遇，也面临着诸多矛盾和问题。城市规划工作面临着如何引导西部城市和城镇化的持续健康发展，从而有效支持和带动西部大开发战略的实施，促进区域经济协调发展的新课题。

3. 我国农业现代化和农村经济的改革，将进一步推动小城镇的发展。有计划有步骤地把农业劳动力转移到新兴的小城镇，是实现我国农业现代化的必由之路。积极推进小城镇建设和发展，努力探索有中国特色的城镇化道路，是城市规划工作面临的一个战略性问题。

4. 随着我国人民生活水平的普遍提高，城市现代化进程将进一步加快。人民群众和各个社会群体对城市供应体系、保障体系和生活环境的要求进一步提高。城市各项建设，将由"补缺、还债"向提升城市功能和文化品位，注重城市环境和景观风貌建设发展。城市规划编制和管理都面临着进一步提高水平的问题。

另一方面，我们要看到在城市建设中还不同程度地存在着一些问题。主要表现在：

（1）不顾城市建设和发展的客观规律，盲目扩大规模。一些城市大规模出让土地，导致土地资源浪费严重，商品房大量积压，城市布局混乱。

（2）违法建设屡禁不止。城乡结合部是违法建设的重点地区，大量的流动人口聚集，带来严重的社会问题。

（3）旧城区超强度开发建设，环境恶化。多数城市的旧城区，特别是一些大城市中心区建筑与人口过度密集，城市绿地被大量侵占，居住环境质量下降。市区人流、车流集中，废水、废气和固体废弃物大量增加，加重了环境污染。

（4）交通规划和建设管理滞后。由于机动车迅速增长，道路严重不足，普遍缺乏停车场，加上管理跟不上，大城市普遍出现交通阻塞现象。

（5）城市发展与区域发展不协调，基础设施重复建设严重。

（6）村镇建设散乱，区域环境恶化。村庄和小城镇建设缺乏合理规划，建设混乱，既不利于生产，也不方便生活。公路两侧随意建房，占用良田，破坏环境，影响交通。乡镇企业建设过于分散，占用耕地过多，严重污染环境。

（7）历史文化风貌和自然景观受到严重破坏。在旧城改造中，一些有价值的历史街区被拆除，有的古城不恰当地拓宽马路，许多新的建筑物突破规划对建筑高度和体量的限制，破坏了古城的传统格局和风貌。有些自然风景区的开发强度远远超过环境承受能力。

（8）许多城市的新建筑缺少整体意识。片面追求高楼群、宽马路、立交桥，盲目追求玻璃幕墙，建筑和城市形象缺乏文化品位。

江泽民同志提出"中国共产党要始终代表中国先进社会生产力的发展要求；代表中国先进文化的前进方向；代表中国最广大人民的根本利益"。我们要以"三个代表"的重要思想为指导，开创城市规划工作的新局面。正如1999年6月第二十届国际建协大会通过的《北京宪章》中所指出的：我们要致力于总结昨天的经验、教训，剖析今天的问题与机遇，使新的世纪建设得更加美好。

（二）当前我国城市规划工作的任务

改革开放以来，随着经济体制的转变，城市发展机制的重大变化城市发展机制发生了重大变化，原有的计划经济体制逐步弱化，城市规划以其鲜明的政府职能特征和特有的功能，对于协调经济体制转轨和社会转型时期城乡市发展中出现的种各种新问题、新矛盾，发挥着越来越重要的作用。新的历史时期，城市规划在国家和政府的调控体系中居于愈益重要的地位，成为各级政府合理配置和利用资源，保证城乡经济社会健康、协调发展的重要政策。当前，我国城市规划工作正在步入一个新的历史时期。21世纪初的十年，是我国实现第三步战略目标的关键时期。我们必须清醒地认识和把握我国发展目标与发展条件的关系。以我国人口众多、资源相对短缺，生态环境脆弱的基本国情和经济技术基础薄弱，地区发展不平衡等发展条件，如何引导经济社会的协调和可持续发展，积极而逐步地解决社会主义初级阶段社会的主要矛盾，保证现代化目标的实现，是我们面临的重大课题，城市规划必须在解决这一课题中发挥应有的作用。正确处理人口、经济与资源和生态环境之间的关系，引导城市和城镇化的合理有序发展，促进城市经济和社会的持续、健康发展，是新的历史条件下我国城市规划工作的重要基本任务。

总体上看，我国城市规划工作还不能完全适应市场经济条件下城市和城镇市化发展的客观要求。城市规划工作自身尚存在许多亟待解决的问题：城市规划编制体系不完善，各层次规划的功能定位及其相互关系不明确，宏观规划的预见性、战略引导性不足，微观控制性规划的法定严肃性欠缺，缺乏对城市发展和开发建设活动的有效引导和控制能力；规划管理体制不健全，缺乏有效约束力和监督制约机制，规划实施的随意性较大；城乡规划法制建设滞后，法规体系不够完善等。随着社会主义市场经济体制的建立，迫切需要进一步加强和为了适应社会主义市场经济条件下城市经济社会发展的要求，必须改进城市规划工作。改进城市规划工作，必须认真贯彻党的十五大精神，以经济建设为中心，以建立和完善社会主义市场经济为目标，以法制建设为主线，建立完善的城市规划体系，形成有效的引导和协调机制，保证和促进城乡经济社会的协调和可持续发展。

今后一定时期，城市规划工作的主要任务是：

（一）深入开展城市规划研究工作

城市规划事业的健康发展有赖于与社会经济体制相适应，有赖于认识和探索城市发展规律，有赖于城市规划理论与方法的不断创新和进取。深入开展城市规划研究，是新形势下城市规划的重要的基础工作。在计划经济条件体制下，城市规划决策和实施作为国民经济的深化和具体化，对经济社会发展计划的依赖性较大，因而缺乏独立地研究城市规划的经济社会前提及相关问题的内在需求。随着社会主义市场经济体制的建立，计划手段逐渐弱化，城市建设、城镇化发展将面临中出现的许多新的问题，需要通过城市规划的决策和工作来解决。城市规划必须认真研究和探索城镇和与城镇化发展的规律，分析研究发展过程中出现的各种各样的问题和矛盾，才能找出规划、建设中的薄弱环节，并制定出租应的政策措施。只有重视城市规划研究，城市规划工作的改进才成为可能，城市规划对城市发展和建设的调控和引导作用，也才能得到有效发挥。因此，只有重视城市规划研究，城市规划工作的改进才成为可能，城市规划对城市发展和建设的调控和引导作用也才能得到有效发挥。当前，现实中普遍存在很多问题，如：城市与区域协调发展，城乡协调发展，城市经济结构和用地结构调整，城市交通发展，生态环境保护和历史文化环境的保护，旧城保护与改造，城市特色延续与创造，城市社区建设以及小城镇发展，信息化发展对城市空间布局的影响问题，城市规划法制建设，城市规划实施机制等，都要求城市规划在认真研究的基础上，转变观念，提出行之有效的应对措施和改进方法。

（二）完善城市规划编制体系，提高规划质量和水平

一个好的规划本身就是财富。科学完善的城市规划体系是指导城市建设和发展的基本依据。科学地制定城市规划，提高规划质量和水平，对于城市规划和建设事业至关重要。

1．要重视区域发展问题，要加强区域城镇体系规划的编制工作。

区域城镇体系规划可分为全国、省域、市域、县域和跨行政区的区域等

几个层次和类型，要特别重视区域发展的问题。区域发展对城市发展的影响很大，不能脱离开区域谈城市。反之，城市对区域的辐射和带动作用也非常明显，城市发展、环境保护，乃至于基础设施均带有区域性。区域的概念也有不同的层次，就全国而言是一个大区域的概念；省、自治区辖区范围是一个次区域；某些城镇化发展较快的区域，如珠江三角洲、长江三角洲和京津唐地区又是一个层次的区域。因此，各级政府应当树立区域观念，特别是城市政府，要明确城市规划的职能范围不仅仅是中心城区那一块，更重要的是要保证整个行政辖区内城乡的协调发展。城镇体系规划是指导区域内城乡健康、协调发展的重要依据，编制城镇体系规划是《城市规划法》明确规定的重要的政府职能。因此，必须认真做好省域、市域的城镇体系规划，提出城市化和城乡协调发展的具体对策。西部大开发是党中央确定的重大战略，有关地区抓好城镇体系规划，对于实施这一战略，指导城乡协调健康发展，尤其具有重要的现实意义。

2．要加强和改进详细规划的编制工作。

详细规划是对城市土地利用和各项建设活动进行管制的直接依据，关系重大。重视和改进详细规划编制，是城市政府的重要职责。目前，由国务院审批总体规划的城市，其总体规划大部分已获批准。要根据城市建设的实际需要，继续深化、细化总体规划，认真作好详细规划的编制工作，特别是抓好重点开发地区、重点保护地区和重要地段的详细规划。详细规划要严格依据总体规划和有关规范进行。注意认真研究并加强规划编制和实施管理的有机联系，提高详细规划实施的可操作性，强化土地开发利用控制指标体系的法律效力，为规划管理提供科学的依据，增强规划的可操作性以及控制和协调能力。

城市总体规划要着重解决城市发展的方向、战略和城市布局结构等重大问题，同时，要配合基础设施建设和城市现代化建设，做好各类工程规划和专项规划的编制工作，对城市防灾规划要引起高度重视。做好城市设计，把城市设计的理念贯穿到城市规划的各个阶段，注意自然环境和历史文化环境的保护，塑造各具特色的现代城市形象，避免片面强调形象设计。

严格规范城乡规划的审批制度，依法做好审批工作，严把规划质量关。规划审查是规划审批重要的前期工作，审查工作既要保证效率，又要保证质量。在规划审查过程中，各有关政府和部门要严格把关，同时要充分发挥专家的作用。

（三）加强立法工作，完善城市规划法规体系切实推进城市规划依法行政工作

加快规划立法步伐，加强规划立法工作，完善城市规划法规，是推进城

市规划工作法制化的前提和基础。根据改革开放的要求和规划工作的需要，加快城市规划立法步伐，为实现城市规划法制化奠定基础。城市规划立法工作，应当按照《立法法》规定的立法指导思想、基本制度、基本原则和基本程序进行。立法工作应当要强化质量意识，不能简单地追求数量，要研究解决规划立法中带有普遍性、共同性、规律性的问题；要把维护人民群众的最大利益作为出发点和落脚点，正确处理全局与局部的关系，长远与当前的关系；避免把不符合改革方向，不符合群众利益的管理方式法制化，避免部门利益法制化；要坚持走群众路线，广泛征求社会公众的意见。

要建立完善的社会主义市场经济体制，加强和改进城市规划的目标和要求，争取到2010年，建立起符合城市规划工作需要的城市规划法规系列，要求基本法与单项法相配套，行政法规与技术法规相配套，国家立法与地方法规相配套。为实现这一目标，要抓紧修改《城市规划法》，针对近年来城市规划建设中存在的突出问题，进一步强化城市规划的法律效力，加大对违法行为处罚的力度；同时，建立起各级人大对政府，上级政府对下级政府，以及广大群众对规划执行的监督机制。要抓紧制定和完善有关地方法规。

省级规划部门要把法制建设作为重中之重，抓紧抓好，为省内各地，特别是大量没有立法权的市县提供符合实际需要，操作性强的法规和规章。有立法权的城市，要在总结实践经验的基础上，大胆创新，加快立法，努力总结出更多、更好的经验。要采取有效措施，解决详细规划的法律地位和效力不足问题，关键是规范详细规划的审批和修改程序，并形成制度。另外，国家和地方要进一步抓好技术法规、规范的制定工作。

（四）严格依法行政，提高城市规划管理水平

依法行政，严格城乡规划实施管理严格城市规划实施管理，是当前城市规划工作最重要的任务之一。在党的十五大报告中，江泽民总书记明确提出"一切政府机关都必须依法行政"；九届全国人大二次会议通过的宪法修正案规定"中华人民共和国实行依法治国，建设社会主义法治国家"。城市规划作为重要的政府职能，切实推进依法行政，实现规划工作管理方式的根本转变，是党和人民提出的新的要求。

城市规划依法行政，应强调两个方面，一是严格执法，处理城市建设和发展中的违法行为；二是从严治政，规范行政行为。行政权力是政府机关履行行政管理职责的必要保障，但行政权力必须受法律、法规的约束，必须受人民群众的监督。在当前以权代法的现象比较严重的情况下，强调"治权"，强调规范行政行为，强调按法律规定的程序行使权力，具有十分重要的现实意义。城市规划行政工作，必须完成从人治到法治、从权治到治权的转变。"治国者先受治于法"，推进城市规划依法行政，首先要舍弃许多陈腐观念和

管理方式，从根本上转变不适应依法行政要求的传统观念、工作习惯和工作方法，善于运用法律手段进行规划管理，提高依法行政的能力和水平。各级规划部门首先要牢固树立依法行政观念，自觉地在法律、法规规定的范围内行使职权。每个公务人员都要受法律的约束，做到有法必依，执法必严，违法必究。

依法行政必须从领导机关做起。各级规划部门的党组织和主要领导，要把依法行政作为头等大事来抓。

加强城市规划实施的监督检查，加大执法力度，严肃查处违法违规行为，是保证城市规划顺利实施的重要手段。《城市规划法》是我国关于城市规划和建设的基本法律，任何单位、部门和个人，在城市规划区内使用土地和进行各项规划用地和建设活动，都必须严格遵守《城市规划法》。近年来，各地按照国务院文件要求，加大执法力度，严肃查处各类违法行为，并逐步形成了执法检查制度。多数城市认真在开展这项工作中很认真，取得了很好的效果。大量违规行为被纠正，违法建设和违法用地被依法处理，有力地推动了规划工作的开展，但也有一些城市执法检查不够认真，不够严肃，甚至回避矛盾，遇到问题绕道走。一些地方，规划执法水平差，检查工作实效更差；有些规划部门自身管理就不严，有的甚至执法犯法。对此类问题，要高度重视，严肃查处。要加大舆论监督，要充分运用舆论监督。重大典型案例要通过新闻媒体向社会曝光，使之置于广大群众监督之下，加大对违法行为的震慑力。

当前，监督制约机制不完善，仍是城市规划工作中存在的突出问题。针对这一问题，一是各级政府及其规划部门要自觉接受同级人大的监督。城市政府每年要向同级人大汇报规划实施情况。二是加强层级监督，建设部要重点加强对国务院审批的规划实施情况的监督和检查。各省、自治区政府及其规划部门应加强对其审批规划实施的监督检查，要加大监督力度，发现问题要及时纠正。三是要充分发挥公众的监督作用。城市规划是为广大城市居民服务的，广大居民了解和支持规划工作，实施也显得尤为重要。要积极争取广大群众以及社会各界对规划的理解，就必须为他们创造了解规划、参与规划的条件。如一些地方实行的公示制等，效果很好。规划管理权限、办事依据、办事程序、办事标准、办事结果和办事时限完全向社会公开，以减少审批过程中可能出现的暗箱操作。对公众的意见，该落实的落实，该整改的整改，该答复的答复。要建立听证制度，这是《行政处罚法》的明确要求。对于规划实施管理的公平、公正、公开具有十分重要的作用。

（五）加强城市规划机构和队伍建设

城市规划是重要的政府职能。设置符合实际要求的规划机构，从人员、经费等方面给予必要保障和支持,是保证城市规划工作的顺利开展,充分发挥城市规划重要职能作用的基本条件。当前,各地不同程度存在着机构不健全,人员力量不足,经费欠缺等问题,与经济社会发展对规划工作的要求还不适应。目前,地方政府正在进行机构改革,在机构改革中,应当充分考虑规划工作的重要地位和作用,按照"勤政、廉洁、高效、务实"的要求,加强城市规划机构和队伍建设。

各级人民政府应设置符合实际工作需求的规划管理机构,充实规划队伍。同时,应根据规划编制和研究工作需要,配备相应专业技术人员。要把城市规划工作经费纳入财政预算,切实予以保证。

城市规划部门必须加强自身建设,提高规划队伍广大干部职工的政治思想水平和业务素质。因此,要深入开展在职人员的继续教育和培训工作,提高规划人员的业务素质。要重点开展法制教育,使广大干部职工牢固树立法律观念。规划部门行政人员,不仅要熟知规划领域的法律、法规,还应当掌握《行政处罚法》《行政复议法》《国家赔偿法》等行政方面的法律,对民事方面的有关法律也要有所了解。要建立行政执法人员的定期法律知识培训、考核制度,建立执法人员考核合格上岗制度。要全面开展规划执法队伍整顿工作,对规划队伍进行组织整顿、思想整顿和纪律整顿。对玩忽职守、滥用职权、徇私舞弊的,由其所在单位或者上级主管部门给予行政处分;构成犯罪的,要依法追究刑事责任。

通过以上几个方面工作,努力培养一支政治强、业务精、作风正、纪律严的城市规划行政执法队伍。

# 第三章 城市规划的制定与实施

依法制定和实施城市规划是城市政府的基本行政职责。自 20 世纪 50 年代创建城市规划工作以来，我国城市规划制定和实施工作经历了近半个世纪的发展历程。随着我国社会主义市场经济体制的建立和城市化进程的加快，城市规划的地位和作用日显重要。在城市规划制定和实施方面，取得了很大的成绩，积累了丰富的经验；同时，也遇到许多新情况、新问题。本章主要介绍制定和实施城市规划的基本原则，制定城市规划的目的、任务和主要内容，城市规划的组织编制和审批，城市规划实施的意义、特点，城市规划实施管理概述，城市规划法制化等方面的内容。

## 第一节 制定和实施城市规划的基本原则

制定和实施城市规划的最终目的，是促进城乡经济、社会和环境建设的协调、可持续发展，实现经济效益、社会效益和环境效益的相统一，促进城市的现代化，为市民创造良好的生活和工作环境。因此，制定和实施城市规划必须遵循以下基本原则。

### 一、统筹兼顾，综合部署

城市规划的编制应当依据国民经济和社会发展规划以及当地的自然地理环境、资源条件、历史情况、现实状况、未来发展要求，统筹兼顾，综合布局。要处理好局部利益与整体利益、近期建设与远期发展、需要与可能、经济发展与社会发展、城乡建设与环境保护、现代化建设与历史文化保护等一系列关系。在规划区范围内，土地利用和各项专业规划都要服从城市总体规划。城市总体规划应当和国土规划、区域规划、江河流域规划、土地利用总体规划相互衔接和协调。

### 二、合理和节约利用土地与水资源

我国人口众多，资源不足，土地资源尤为紧缺。城市建设必须贯彻切实保护耕地的基本国策，十分珍惜和合理利用土地。要明确和强化城市规划对于城市土地利用的管制作用，确保城市土地得以合理利用。一是科学编制规划，合理确定城市用地规模和布局，优化用地结构，并严格执行国家用地标准。二是充分利用闲置土地，尽量少占用基本农田。三是按照法定程序审批各项建设用地，对城市边缘地区土地利用要严格管制，防止乱占滥用。四是严肃查处一切违法用地行为，坚决依法收回违法用地。五是深化城市土地使用制度改革，促进土地合理利用，提高土地收益。六是重视城市地下空间资源的开发和利用，当前重点是大城市中心城区。地下空间资源的开发利用，必须在城市规划的统一指导下进行，统一规划，综合开发，切忌各自为政，各行其是。

我国是一个水资源短缺的国家，水源性缺水和水质性缺水的矛盾同时存在，城市缺水问题尤为突出。目前，全国许多城市水源受到污染，使本来紧张的城市水资源更为短缺。随着经济发展和人民生活水平的提高，城市用水需求量不断增长，水的供需矛盾越来越突出，水资源短缺已经成为制约我国经济建设和城市发展的重要因素。城市建设和发展必须坚持开源与节流并举，合理和节约利用水资源。一是把保护水资源放在突出位置，切实做好合理开发利用和保护水资源的规划。要优先保证广大居民生活用水，统筹兼顾工业用水和其他建设用水。二是依据本地区水资源状况，合理确定城市发展规模。三是根据水资源状况，合理确定和调整产业结构，缺水城市要限制高耗水型工业的发展，对耗水量高的企业逐步实行关停并转。四是加快污水处理设施建设，提高污水处理能力，并重视污水资源的再生利用。五是加强地下水资源的保护。地下水已经超采的地区，要严格控制开采。

### 三、保护和改善城市生态环境

保护环境是我国的基本国策。经济建设与生态环境相协调，走可持续发展的道路，是关系到我国现代化建设事业全局的重大战略问题。保护和改善环境是城市规划的一项基本任务。当前需要注意的主要问题，一是逐步降低大城市中心区密度，搞好旧城改造工作。积极创造条件，有计划地疏散中心区人口，重点解决基础设施短缺、交通紧张、居住拥挤、环境恶化等问题。严格控制新项目的建设。二是城市布局必须有利于生态环境建设。城市建设项目的选址要严格依据城市规划进行。市区污染严重的项目要关停或迁移。三是加强城市绿化规划和建设。这是改善城市环境的重要措施。目前，全国城市人均公共绿地仅为 $6.1m^2$。要加强公共绿地、居住区绿地、生产绿地和风景区的建设。市区绿化用地绝对不能侵占。四是增强城市污水和垃圾处理能力，要把解决水体污染放在重要位置。

### 四、协调城镇建设与区域发展的关系

随着经济的发展，城市与城市之间，城市与乡村之间的联系越来越密切。区域协调发展已经成为城乡可持续发展的基础。城镇体系规划是指导区域内城镇发展的依据。要认真抓好省域城镇体系规划编制工作，强化省域城镇体系规划对全省城乡发展和建设的指导作用。制定城镇体系规划，应当坚

持做到以下几点：一是从区域整体出发，统筹考虑城镇与乡村的协调发展，明确城镇的职能分工，引导各类城镇的合理布局和协调发展。二是统筹安排和合理布局区域基础设施，避免重复建设，实现基础设施的区域共享和有效利用。三是限制不符合区域整体利益和长远利益的开发活动，保护资源、保护环境。

### 五、促进产业结构调整和城市功能的提高

我国经济发展面临着经济结构战略性调整的重大任务。城市规划，特别是大城市的规划必须按照经济结构调整的要求，促进产业结构优化升级。要加强城市基础设施和城市环境建设，增强城市的综合功能，为群众创造良好的工作和生活环境。要合理调整用地布局，优化用地结构，实现资源合理配置和改善城市环境的目标。对环境有影响的工业企业要从市区迁出，着力发展第三产业、高新技术产业，做好这方面的规划布局和用地安排。要适应科技、信息业迅速发展及其对社会生活带来的变化，加强交通、通信工程建设。要加强居住区规划，加快经济适用住宅建设。居住区要布局合理，做到设施配套、功能齐全、生活方便、环境优美。

### 六、正确引导小城镇和村庄的发展建设

加快小城镇的发展是党中央确定的一个大战略，是社会经济发展的客观要求，是实现我国城镇化的一个重要途径。加快小城镇建设，有利于转移农村富余劳动力，促进农业产业化、现代化，提高农民收入；有利于促进乡镇企业和农村人口相对集中，改善生活质量。加快城镇化进程，有利于启动民间投资，带动最终消费，为经济发展提供广阔的市场空间和持续的增长动力。

发展小城镇要坚持统一规划、合理布局、因地制宜、综合开发、配套建设的方针，以统一规划为前提进行开发和建设。要量力而行、突出重点、循序渐进、分步实施，防止一哄而起。要加快编制县（市）域城镇体系规划，作为指导县（市）域内小城镇健康发展的依据。要统筹安排城乡居民点与基础设施的建设，合理确定发展中心镇的数量和布局。小城镇的规划建设要做到紧凑布局、节约用地、保护耕地。要相对集中乡镇企业，并加强乡镇企业的污染治理，保护生态环境。同时，要搞好小城镇基础设施和公共设施的规划和建设。

### 七、保护历史文化遗产

城市历史文化遗产的保护状况是城市文明的重要标志。在城市建设和发展中，必须正确处理现代化建设和历史文化保护的关系，尊重城市发展的历史。我们的任务是既要使城市经济、社会得以发展，提高城市现代化水平，又要使城市的历史文化遗产得以保护。

历史文化遗产的保护，要在城市规划的指导和管制下进行，根据不同的特点采取不同的保护方式。一是依法保护各级政府确定的"文物保护单位"。对"文物保护单位"文物古迹的修缮要遵循"不改变文物原状的原则"，保存历史的原貌和真迹；要划定保护范围和建设控制地带，提出控制要求，包括建筑高度、建筑密度、建筑形式、建筑色彩等，要特别注意保存文物古迹的历史环境，以便更完整地体现它的历史、科学、艺术价值。二是保护代表城市传统风貌的典型地段。要保存历史的真实性和完整性，包括建筑物外观和构成整体风貌的街道、古树等。当然，建筑物内部可以更新改造，改善基础设施，以适应现代生活的需要。三是对于历史文化名城，不仅要保护城市中的文物古迹和历史地段，还要保护和延续古城的格局和历史风貌。

## 八、加强风景名胜区的保护

风景名胜区集中了大量珍贵的自然和文化遗产，是自然史和文化史的天然博物馆。目前，我国共有各级风景名胜区512处，面积达9.6万平方公里，占国土总面积的1%。切实保护和合理利用风景名胜资源，对于改善生态环境，发展旅游业，弘扬民族文化，激发爱国热情，丰富人民群众的文化生活都具有重要作用。

风景名胜区要处理好保护和利用的关系，把保护放在首位。要按照严格保护、统一管理、合理开发、永续利用的原则，把风景名胜区保护、建设和管理好。搞好风景名胜区工作，前提是规划、核心是保护，关键在管理。因此，一方面要认真编制风景名胜区保护规划，作为各项开发利用活动的基本依据。要根据风景名胜区生态保护和环境容量的要求，合理确定开发利用的限度以及旅游发展的容量，有计划地组织游览活动。另一方面，要加强管理，严格实施规划。对风景名胜区内各类建设活动，要严格控制。风景名胜区内及外围保护地带的各项建设，都必须符合规划要求，与景观相协调。切忌大搞"人工化"造景。风景名胜区内不得设立开发区、度假村，更不得以任何名义和方式出让，或变相出让风景名胜资源及景区土地。

## 九、塑造富有特色的城市形象

城市的风貌和形象建设，是城市物质文明和精神文明的重要体现。每个城市都应根据自己的地方、民族、历史、文化特点，塑造具有自己特色的城市形象。不要盲目抄袭、攀比，不要搞脱离实际又不实用的"三大"（大广场、大草坪、大马路）"两高"（高层建筑、高架道路）"一风"（欧陆风）。

城市形象要通过城市设计的手段来实现。城市规划在各层次，从城市的总体空间布局到局部地段建筑的群体设计和重要建筑的单体设计，都要精心研究和做好城市设计，不仅要科学合理，而且要注意艺术水平。要深入了解城市自然景观资源，详细研究城市历史风貌，精心构思现代城市形象，准确把握城市形象特征，逐步加以实施。

### 十、增强城市抵御各种灾害的能力

城市防灾是保证城市安全，实现城市健康、持续发展的一项重要工作，在城市规划制定和实施中，必须引起高度重视。城市防灾包括防火、防爆、防洪、防震等。要加强消防规划的编制，加大规划实施的监督检查力度。不论新区开发还是旧区更新改建，一定要按规划设置消防通道，配备消防设施。对于有易燃、易爆的建设项目，一定要慎重选址，要与其他建筑留出防火、防爆安全间距。要科学安排各种防汛、防洪设施，不要随意填河、填湖。位于地震多发地区的城市，要在规划中留出必要的避难空间。

## 第二节　城市规划的制定

城市规划是否科学、合理，直接影响到城市全局和长远的发展。制定城市规划，是一项涉及面广、政策性强的工作。本节将重点介绍城市制定的目的、意义以及规划编制和审批等内容。

### 一、制定城市规划的目的和意义

制定城市规划的目的是指导和调控城市的建设和发展，具体反映在以下几方面：

（一）城市规划是经济、社会和环境在城市空间上协调、可持续发展的保障

城市是经济、社会发展的载体，是人类社会存在的最基本的空间形式。城市规划制定的目的是为了促进一定时期内城市经济、社会和环境发展目标的实现，其核心内容是土地使用规划，优化城市土地资源的配置；使各种物质要素形成合理的布局结构，正确处理好近期建设和长远发展、局部利益和整体利益，经济发展与资源、环境保护之间的关系等，保障经济、社会和环境建设在城市空间上协调、可持续的发展，为居民创造良好的生活和工作环境。例如深圳市机场，原拟建在福田，但福田是城市规划确定的城市中心，当时尚未发展。后经规划部门协调，机场改在了黄田。现在看，福田已经发展成为深圳市的中心。如果当时没有城市规划的控制，深圳市的发展将受到很大影响。

（二）城市规划是城市政府进行宏观调控的重要手段

在计划经济体制下，城市规划被作为国民经济计划的继续和具体化。城市规划是为确保国民经济计划的实施，而对国家制定的各个时期发展计划在地域空间上的具体落实。在社会主义市场经济体制下，市场调节对于资源配置和经济运行发挥着基础性作用，城市中很多物质要素建设，是通过市场运

作得以实现的。但是,经济活动必然会产生一些外部的负面效应,而且,往往各类经济活动所产生的经济利益大部分归投资者所拥有,其产生的负面效应却推给了社会,导致社会公共利益受损,这就需要政府对市场运行进行干预和引导。在社会主义市场经济条件下,各项建设的投资主体趋于多元化,仅仅通过政府的计划管理难以完全达到上述目的。城市政府既需要通过国民经济和社会发展计划,又需要利用城市规划对土地和空间资源的优化配置作用,对市场运行进行宏观调控,以维护社会公众利益,促进市场健康运行。例如,温州市自20世纪80年代中期以来,在城市总体规划的指导下,通过精心编制和严格实施控制性详细规划和土地供给规划及年度计划,规范了土地出让活动,有效地控制了土地投放量,实现了土地供给与城市发展相协调。不仅保证了房地产开发及其市场的有序、平稳发展,提高了土地使用率,同时,还为政府积累了城市建设的宝贵资金。

(三)城市规划是城市政府制定城市发展、建设和管理相关政策的基础

从某种意义上讲,经批准的城市总体规划本身就是一种关于城市未来建设和发展的基本政策。城市总体规划的战略性、综合性和对城市发展的指导作用,决定了城市总体规划是城市政府制定城市建设和发展某些方面政策的主要内容。城市规划为城市土地利用、房地产开发和各项建设活动提供了政策引导,同时也可以指导政府各部门的管理行为。因此,依法批准的城市规划是全社会共同遵守的准则。

(四)城市规划是城市政府建设和管理城市的基本依据

城市是一个有机的大系统,城市建设是一项庞大的、复杂的系统工程。每项建设都不是孤立的,一个工业项目的建设涉及到交通运输、供电、供水排水、通讯等条件和配套设施,对环境的影响以及各项管理的要求等。住宅建设则是社区建设的重要内容,涉及中小学、幼托、商店、医院、文娱设施等公共建筑建设,水、电、煤气、通讯等市政设施建设,环境绿化建设以及公共交通的配置等等,可谓"牵一发,动全身"。如何保证各项建设在空间上协调配置,在时间上可持续发展,这就需要通过城市规划的制定,对各项建设做出综合部署和具体安排,并以此为依据进行建设和管理。因此,要把城市建设好、管理好,首先必须规划好。

## 二、城市规划编制的任务和主要内容

根据《中华人民共和国城市规划法》规定,我国目前的城市规划编制体系,是在省(自治区)域城镇体系规划的指导下,编制城市总体规划和详细规划。在编制城市总体规划前,可以编制城市总体规划纲要。大、中城市根据需要在城市总体规划的基础上可以编制分区规划,用以指导详细规划的编

制，城市规划编制的内容，除有关城市规划法律、规范规定的基本内容以外，还可以根据实际需要，有所侧重，有所增删。

（一）城镇体系规划编制的任务和主要内容

城镇体系规划的任务是引导区域城镇化与城乡合理发展，协调和处理区域中各城市发展的关系和问题，合理配置区域土地、空间资源和基础设施，使区域内的城镇形成布局合理、结构明确、联系密切的体系。它是区域内城市总体规划编制的依据。

城镇体系规划一般可分为四个层次：全国城镇体系规划，其涉及的城镇应包括设市城市和重要的县城；省（自治区）域城镇体系规划，其涉及的城镇应包括市、县城和其他重要的建制镇，独立工矿区；市（直辖市、市和有中心城市依托的地区、自治州、盟）域城镇体系规划，其涉及的城镇应包括建制镇和独立工矿区；县（县、自治县、旗）域城镇体系规划，应包括建制镇、独立工矿区和集镇。市域和县域的城镇体系规划一般结合市、镇总体规划一并编制。

1. 城镇体系规划编制的任务：综合评价城镇发展条件，制订区域城镇发展战略，预测区域人口增长和城市化水平，拟定各相关城镇的发展方向与规模，协调城镇发展与产业配置的时空关系，统筹安排区域基础设施和社会设施，引导和控制区域内城镇的合理发展与布局，指导区域内城市总体规划的编制。

2. 城镇体系规划的主要内容。城镇体系规划一般包括下列主要内容：

（1）综合评价区域和城市发展、开发建设的条件；

（2）预测区域人口增长，确定城市化目标；

（3）确定本区域内的城镇发展战略，划分城市经济区；

（4）提出城镇体系的功能结构和城镇分工；

（5）确定城镇体系的等级和规模结构；

（6）确定城镇体系的空间布局；

（7）统筹安排区域内基础设施和社会设施；

（8）确定保护生态环境、自然和人文景观、历史文化遗产的原则和措施；

（9）确定一个时期重点发展的城镇，提出近期重点发展城镇的规划建议；

（10）提出实施规划的政策和措施。

（二）城市总体规划纲要编制的任务和主要内容

城市总体规划纲要是在编制城市总体规划前，研究确定城市总体规划的重大原则，报经城市政府批准后，作为编制城市总体规划的依据。它包括以下主要内容：

1．论证城市国民经济和社会发展条件，原则确定规划期内城市发展目标；

2．论证城市在区域发展中的地位，原则确定市（县）域城镇体系的结构与布局；

3．原则确定城市性质、规模、总体布局，选择城市发展用地，提出城市规划区范围的初步意见；

4．研究确定城市能源、交通、供水等城市基础设施开发建设的重大原则问题。

5．实施城市规划的重要措施。

（三）城市总体规划编制的任务和主要内容

1．城市总体规划编制的任务：综合研究和确定城市性质、规模和空间发展形态，统筹安排城市各项建设用地，合理配置城市各项基础设施，处理好远期发展与近期建设的关系，指导城市合理发展。鉴于城市发展的过程性，城市总体规划需根据经济、社会发展进行修订。

2．城市总体规划的主要内容：

（1）设市城市应当编制市域城镇体系规划，县（自治县、旗）人民政府所在地的镇应当编制县域城镇体系规划；

（2）确定城市性质和发展方向，划定城市规划区的范围；

（3）提出规划期内城市人口及用地发展规模，确定城市建设和发展用地的空间布局、功能分区，以及市中心、区中心位置；

（4）确定城市对外交通系统的布局以及车站、铁路枢纽、港口、机场等主要交通设施的规模、位置，确定城市主、次干道系统的走向、断面、主要交叉口形式，确定主要广场、停车场的位置、容量；

（5）综合协调并确定城市供水、排水、防洪、供电、通信、燃气、供热、消防、环卫等设施的发展目标和总体布局；

（6）确定城市河湖水系的治理目标和总体布局，分配沿海、沿江岸线；

（7）确定城市园林绿地系统的发展目标及总体布局；

（8）确定城市环境保护目标，提出防治污染措施；

（9）根据城市防灾要求，提出人防建设，抗震防灾规划目标和总体布局；

（10）确定需要保护的风景名胜、文物古迹、历史地段，划定保护和控制范围，提出保护措施，历史文化名城要编制专门的保护规划；

（11）确定旧区改建用地调整的原则、方法和步骤，提出改善旧城区生产、生活环境的要求和措施；

（12）综合协调市区与近郊集镇、村庄的各项建设，统筹安排近郊集镇、村庄的居住用地、公共服务设施、乡镇企业、基础设施、菜园、园田、牧草地、副食品基地等用地，划定需要保留和控制的绿色空间；

（13）进行综合技术论证，提出规划实施步骤、措施和方法的建议；

（14）编制近期建设规划，确定近期建设目标、内容和实施部署。

上述（5）~（10）项内容属专业规划，重要的专业规划需在城市总体规划阶段一并制定；部分专业规划在城市总体规划审批后组织编制，并根据城市总体规划综合平衡后，纳入城市总体规划。

（四）分区规划编制的任务和主要内容

1．分区规划编制的任务：在总体规划的基础上，对城市土地利用、人口分布和公共设施、城市基础设施的配置做出进一步地安排，便于更好地指导详细规划的编制。

2．分区规划的主要内容：

（1）原则规定分区内土地使用性质、居住人口分布、建筑及用地的容量控制指标；

（2）确定市级、地区、居住区级公共设施的分布及其用地范围；

（3）确定城市主、次干道的红线宽度、断面、控制点坐标、标高，确定支路的走向、宽度以及主要交叉口、广场、停车场位置和控制范围；

（4）确定绿地系统、河湖水面、供电高压走廊、对外交通设施、风景名胜的用地界线和文物古迹、历史地段的保护范围，提出空间形态的保护要求；

（5）确定工程干管的走向、位置、管径、服务范围以及主要工程设施的位置和用地范围。

（五）详细规划编制的任务和主要内容

1．详细规划编制的任务：以总体规划或者分区规划为依据，详细规定建设用地的各项控制指标和其他规划管理要求，或者直接对建设做出具体安排和规划设计，即控制性详细规划和修建性详细规划。控制性详细规划由政府组织编制，是政府控制和引导城市土地利用及其开发建设活动的直接依据，并指导修建性详细规划的编制。修建性详细规划由政府组织或建设单位委托编制，用于具体指导建设布局。

2．详细规划的主要内容：在详细规划的两种类型中，控制性详细规划是改革开放以来借鉴国外有关经验、结合我国实际情况而产生的规划类型，它侧重于对土地使用性质及其开发强度的控制，是今后应着重加强的规划层面。以下主要介绍控制性详细规划的主要内容：

（1）确定详细规划范围内各类不同性质用地的界线，规定各类用地内适建、不适建或者有条件地允许建设的建筑类型；

（2）规定各地块容积率、建筑密度、绿地率等控制指标；规定交通出入口方位、停车泊位、建筑后退红线距离、建筑间距等；

（3）提出各地块的建筑体量、体形、色彩等要求；

（4）确定各级支路的红线位置、控制点坐标和标高；

（5）根据规划容量确定工程管线的走向、管径和工程设施的用地界线；

（6）制定相应的土地使用和建筑管理规定。

（六）历史文化名城保护规划编制的任务、原则和主要内容

1．历史文化名城保护规划编制的任务。历史文化名城保护规划（以下简称保护规划）是经国家或省、自治区、直辖市批准确认为国家或省级历史文化名城的城市（镇），为保护历史文化遗产和城市历史文化风貌而专门编制的规划。编制保护规划的任务是，以正确处理城市建设和历史文化遗产保护的关系为原则，合理确定历史文化名城的保护范围、保护内容、保护措施和要求。

2．保护规划编制的原则：

（1）保护城市的文物古迹和历史地段，保护和延续古城的风貌特点，继承和发扬城市的传统文化。

（2）分析城市性质、规模、历史演变、现状特点，并结合历史文化遗产时性质、形态、分布等特点，因地制宜地确定保护原则和工作重点。

（3）从城市总体上采取规划措施，既为保护城市历史文化遗产创造有利条件，又要适应城市经济、社会发展和改善人民生活和工作环境的需要，使保护与建设相协调。

（4）注意发掘与继承城市传统文化内涵，促进城市物质文明和精神文明的协调发展。

（5）应当突出保护重点，即保护文物古迹、风景名胜及其环境；对于具有传统风貌的商业、手工业、居住以及其他性质的历史地段，需要保护整体环境和文物古迹、革命纪念建筑集中连片的地区，在城市发展史上有历史、科学、艺术价值的近代建筑群等，要划定为"历史文化保护区"予以重点保护，特别要注意对濒临毁坏的历史实物遗存的抢救和保护，不使继续破坏。对已不存在的"文物古迹"一般不提倡重建。

3．保护规划的主要内容：

（1）城市历史文化价值评述；

（2）历史文化名城保护原则和保护工作重点；

（3）在整体层次上保护历史文化名城的措施，包括古城功能的改善、用地布局的选择或调整、古城空间形态或视廊的保护等；

(4) 各级重点文物保护单位的保护范围、建设控制地带以及各类历史文化保护区的范围界线，保护和整治的措施；
(5) 对重要历史文化遗产修整、利用和展示的规划意见；
(6) 重点保护、整治地区的详细规划意向方案；
(7) 规划实施管理措施。

### 三、城市规划的组织编制与审批

（一）城市规划组织编制

根据有关城市规划法律规范规定，城市规划组织编制主体如下：

1．国务院城市规划行政主管部门和省、自治区人民政府分别组织编制全国和省、自治区域的城镇体系规划。

2．城市人民政府负责组织编制城市总体规划。需要编制城市总体规划纲要的，由人民政府负责组织编制。县级人民政府负责编制县级人民政府所在地镇的城市总体规划。其他建制镇的总体规划，由镇人民政府组织编制。

3．城市人民政府的城市规划行政主管部门负责组织编制分区规划和控制性详细规划。县人民政府城市规划行政主管部门负责组织编制县人民政府所在地镇的详细规划。其他建制镇的详细规划由镇人民政府负责组织编制。

（二）城市规划的审批

城市规划实行分级审批：

1．全国城镇体系规划报国务院审批。

2．省、自治区域城镇体系规划经国务院审查同意后，由建设部批复。

3．直辖市的城市总体规划，由直辖市人民政府报国务院审批。

4．省和自治区人民政府所在地的城市、城市人口在100万以上的城市及国务院指定的其他城市的总体规划由省、自治区人民政府报国务院审批。

5．其他设市城市和县级人民政府所在地镇的总体规划，报省、自治区、直辖市人民政府审批，其中市管辖的县级人民政府所在地的总体规划，报市人民政府审批。

6．其他建制镇的总体规划报县人民政府审批。

城市人民政府和县级人民政府向上级人民政府报批城市总体规划前，须经同级人民代表大会或者其常务委员会审议同意。

### 四、对改进城市规划编制工作的建议

实践证明，我国现行城市规划编制工作的基本框架是适合城市建设和发展需要的。但是，在社会主义市场经济条件下，尤其在我国城市化进程快速发展的情况下，城市规划编制工作还需要进一步改进。

（一）加强区域城镇体系规划的调控作用

在我国经济和城镇化快速发展的形势下，要特别重视区域发展的问题。

区域发展对城市发展的影响很大，不能脱离开区域谈城市。反过来，城市发展对区域的辐射和带动作用也非常明显。城市发展、环境保护，乃至于基础设施建设均带有区域性。目前，由于对区域城镇发展的规划引导滞后，城市发展和区域发展不协调，基础设施重复建设严重，迫切需要加强区域城镇体系规划的调控作用。要研究和制定全国城市发展战略，抓紧编制省、自治区域和城市化发展较快区域的城镇体系规划，确定区域内城镇发展目标，制定城镇发展政策，提出区域基础设施的布局和建设时序，划定需要保护和控制开发的区域，明确其控制要求，用以指导、协调区域内城市总体规划的编制。

（二）精简城市总体规划编制的内容

当前，城市总体规划内容庞杂，编制时期过长，难以适应我国城镇化快速发展的形势。城市总体规划编制内容的重点是，在省或自治区域城镇体系规划指导下，确定城市性质、规模、远期发展战略和方向，确定城市近期建设目标，对用地布局和各项建设进行综合部署。城市总体规划的具体内容，各地城市可以根据本地实际情况有所增删。

（三）提高详细规划的法律地位

详细规划是城市建设和管理的直接依据。提高详细规划的法律地位，是改进城市规划编制工作的重要方面。一些发达国家和地区在城市规划一定层面上立法，使城市规划成为法定规划，具体指导实践。如英国的地区规划，美国的区划条例，德国的分区建造规划，法国的地区土地利用规划，日本的土地利用分区和地区规划，新加坡的开发指导规划和香港的分区计划大纲图则等。在这些国家和地区，城市规划的实施是严肃的、稳定的，值得我们借鉴，增强详细规划的法律地位，一是推进详细规划的法制化。二是严格执行详细规划编制和调整程序。三是详细规划一定要在总体规划（含分区规划）指导下进行编制。四是加强对规划实施的监督。

我国正处在法制建设不断完善的过程中，要以改革的精神改进详细规划制定的内容和方式。详细规划的内容应分为强制性和指导性两类。强制性内容必须严格执行，为立法创造条件。指导性内容，可根据开发性质、市场需求，在一定幅度内适当调整，做到刚柔相济。例如，为适应新形势下城市建设提高文化品位和环境质量的要求，在某些重点地区要进行城市设计，据此提出管理导则，切实提高城市环境质量。在此基础上，采取有效措施研究详细规划立法，进一步提高城市规划的严肃性和稳定性。

## 第三节 城市规划的实施

城市规划重在实施。城市规划制定的再好，如果不能有效实施，也不能发挥作用。本节主要介绍城市规划实施的概念、目的、特点及其影响因素。

### 一、城市规划实施的意义

所谓实施，就是把预定的计划变为现实。城市规划的实施，就是把城市规划中确定的城市发展的目标和其他规划内容，诸如城市性质、规模、发展方向、土地利用、布局结构、环境状态、市政和社会等各种设施网络、规划指标等一系列内容变为现实的过程。

城市规划实施的目的，就是使城市土地、空间资源的使用和各项建设都能够按照城市规划进行，促进城市的各组成要素在空间上的合理组合和相互协调，不断优化和更新城市空间结构和各类物质设施，从而完善和发展城市功能，促进城市经济与社会发展相协调，以满足人民群众日益增长的物质和文化需求。

### 二、城市规划实施的特点

城市规划的实施不同于单项工程计划的实施。城市规划实施涉及的内容极为复杂，涉及的空间也十分广阔，涉及的时间跨度很大。一般来说，城市规划实施有以下特点：

（一）战略性

城市规划实施的战略性是就实施总体规划来说的。城市总体规划是从宏观层面上确定城市建设发展目标和内容的战略决策，它体现了城市整体和长远发展的合理性。因此，实施城市规划必须牢固树立战略意识，具备战略眼光。必须使规划实施的各项具体内容、城市的各项建设活动集中于和服务于总体规划所确定的战略目标，总体规划以下属于中观层面的分区规划（指大中城市），各专业规划直到指导管理和建设操作的微观层面的详细规划和各专业建设计划的编制，必须以总体规划和上一层次的规划为依据。规划实施中遇有情况变化确需对规划进行调整的，如可能产生全局性影响，要放在总体规划的战略层面上进行论证和合理调整，这样才能使总体规划的战略意图贯彻于城市建设和发展的整个过程，保证城市发展的整体合理性，避免因局部、暂时的因素而损害城市长远目标的实现。

（二）科学性

城市的形成和发展是由自然、地理、政治、经济、社会、科技等众多因素决定的，城市的建设和发展有其客观规律。现代城市规划学科的产生和发展，是对城市建设和发展规律的总结。城市规划的制定和实施，是根据城市当地实际情况对城市规划科学的具体实践，必须遵循城市建设和发展的客观规律。例如，城市中工业区和居住区的安排、既要符合职工上下班方便的要求，又要避免工业区对居住区环境的污染，两者要保持适当的距离，工业区应安排在城市主导风向的下风地区及城市水源的下游地区。这应在城市规划制定过程中做出统筹安排。工业建设项目的选址，必须安排在规划的工业区内，并需考虑建设项目所必须的道路交通、供水、供电等建设条件。居住区的建设更是一项综合性的社区建设，不仅要建住宅，还需要统一建设项目相应的公共服务设施和市政公用设施，必须坚持统一规划、合理布局、配套建设的原则。又如，城市规划必须统筹考虑区域城镇经济、社会的协调发展，合理利用自然资源，保护生态环境。例如，太湖是三省一市的"母亲湖"，沿途连接着38座大大小小的城市，是我国经济发展最迅速的地区之一。由于长期的工农业污染，太湖已经患上富营养化的"重病"。而这就不是某一个城市能够独自解决的问题，需要从区域的角度，统筹考虑和解决相关城镇产业结构的调整，基础设施的布局，开发建设行为的管制、污染治理等问题，从而促进区域城镇、城乡之间的协调发展，有效地实现太湖治理的目标。总之，城市规划的实施必须尊重科学，坚持科学的态度，采取科学的方式。

（三）综合性

城市规划的实施有赖于各项建设。城市建设涉及到各个不同的行业，例如，经济建设方面涉及到金融、贸易、商业、房地产业和各种不同类型的工业建设等等；市政建设方面涉及到对外交通、市政交通和水、电、煤气、通讯等各类公用设施建设等等；在社会事业建设方面涉及到文化、教育、体育、卫生和科技事业的建设等等。将这些建设纳入到城市规划的轨道，则必须加强城市规划实施管理。由于这些设施的建设涉及到不同的管理部门，这就要求在规划管理中加强与相关管理部门的协调配合，综合平衡。在社会主义市场经济条件下，建设投资主体趋于多元化，产生了许多不同利益的社会集团，这就要求在规划管理中加强调控和协调，维护城市的公共利益，保护相关方面的合法权益。

（四）长期性

城市的发展是一个长期的历史过程。城市总体规划预测了未来5年、10年、20年城市建设和发展目标，但目标的实现不是一蹴而就的，需要一个长期的过程。城市的发展总要与社会、经济的发展水平相适应，与能够提供的财力、物力、人力相适应。因此，城市总体规划目标的实现又具有阶段性特点。上一轮城市规划实施的结果，成为下一轮城市规划实施的起点，如此循环往复。城市总体规划远期目标的实现是一个连续不断发展的结果、具有长期性的特点。

### 三、城市规划实施的影响因素

影响城市规划实施的因素包括政治、经济、社会和科学技术发展等，这些因素构成了城市规划实施的外部环境。

（一）政治因素

政治因素对城市规划实施的影响，包括宏观和微观两个基本层面。宏观层面的因素即国家政治状况及重大方针、政策、决策对城市发展的影响。正确的政治路线对城市建设和发展的促进作用巨大，例如，党中央最近提出实施西部大开发的战略，为我国西部城市的发展创造了良好的机遇。相反，错误的政治路线对城市建设和发展的负面影响也非常大。从微观层面来讲，政治因素主要是指城市政府施政目标从政治角度考虑对城市规划实施的影响。如城市建设战略在实施过程中的局部调整，如行政体制、行政区划的变化等，对城市规划的实施也会产生不同程度的影响。

（二）经济因素

经济发展是城市建设的根本动力，是最活跃、变化最多的因素。从大的方面来说，大致有四个方面：一是经济体制变化的因素。随着我国经济体制从计划经济向社会主义市场经济转变，城市规划实施的外部环境发生了很大变化。城市各项建设的市场运作，特别是房地产开发商以追求近期最大利润为目标，往往把外部不经济性推给社会，忽略社会公共价值。例如片面追求高容积率，会使相邻居住建筑的日照受到影响，又如一些建设项目会不顾城市历史文脉的维系和特色风貌的保护等，给城市规划实施带来许多新的问题。二是我国加入WTO后，将更广泛地融入全球经济。国际市场情况的动态变化，将使城市规划面临的变数增多，要求规划及时提出相应对策。城市产业结构的调整、变化、重组，新旧产业的更替，会引起城市规划作部分适应性的调整等。三是城市规划在实施过程中，要与"十五"计划的实施相协调。

（三）社会因素

城市经济的发展必然带来社会结构、社会生活方式、社会需求等方面的变化，这种变化反过来又对城市经济发展产生影响，对城市建设和发展提出新的要求。这方面在历史上曾有过不少教训，例如某些大城市在卫星城建设中，只注重生产性建设，忽略了社会基层组织和生活设施的建设，产生了不少遗留问题。此外，随着人民生活水平的提高，各种不同人群对社会供应体系和社会保障体系的需求也越来越高。在城市规划实施过程中，必须不断满足这些需求。

(四）科技进步因素

19世纪，科技进步推动了世界性的工业革命，20世纪，科技发展影响到人类社会生活的各个领域，21世纪，科技进步对社会发展所起的作用将越来越大。例如，信息产业的异军突起，已在一些发达国家显示出巨大的威力，不仅推动经济在世界范围内高速运行，而且已经深刻地改变着人们的交往方式和生活方式。信息化、通讯技术、交通技术的发展，改变了人们的空间尺度概念，对城市空间布局产生了重要影响。又例如能源结构的变化，新能源的使用，在某种程度上会影响城市生产、交通、生活方式，影响到城市的用地布局和环境，对城市规划的实施将是一个不可忽视的因素。材料科学、生物科学等高新技术产业的发展，促进了城市产业结构的调整和变化，将导致城市生产力空间布局和规模的改变，改善人们的生活环境和生活质量。这些因素，在城市规划实施中都是必须考虑的。

## 四、城市规划实施应处理好几个关系

城市规划实施过程中，应着重处理好以下几个关系：

（一）城市规划的严肃性与实施环境的复杂性和多变性的关系

城市规划一经批准便具有法律效力，必须严格执行。但是在城市规划实施过程中，影响城市建设和发展的各种因素总是不断发展变化的。对此，在城市规划制定阶段，有些虽已预料到，但应对措施不尽完善；有些则还没有预料到。这就使城市规划实施必须面对许多新情况、新问题。城市规划在实施过程中做局部的调整，不仅是可能的，而且是需要的。在实施中，必须坚持科学的态度，采取科学的方法，提出切实可行的应对方案。从这层意义上说，城市规划实施不仅仅是城市规划的具体化，还是对城市规划的优化和完善，是一个动态规划的过程。城市规划实施过程中，对已制定的城市规划不应随意调整，应依据法定程序进行。例如，对于城市总体规划涉及的城市性质、规模、发展方向、总体布局等重大的修改，必须按照法定程序报经原审批机关批准；对于小的调整，也应规定必要的程序，报经有审批权的机构批准。只有这样，才能保证城市规划的严肃性和稳定性。

（二）近期建设和远期发展的关系

尽管城市规划是对城市未来5年、10年建设和发展的安排，但"千里之行，始于足下"，城市规划的实施总是通过各项具体建设来实现的。城市近期建设项目由于其区位和规模的不同，对城市未来的发展总会产生不同程度的影响。在处理这些近期建设项目时，不仅要满足当前的需要，还必须考虑对城市未来发展的影响，不能就事论事。例如，建设项目的选址、建设必须符合城市规划所确定的土地使用布局，通过逐年建设，使城市形成合理的布局结构。又例如，建设项目的位置必须让出道路规划红线，保证城市交通发展的需要。再例如，对于某些分期建设有发展要求的建设项目必须考虑其发展备用地，以保证其发展等等。总之，对于城市规划的实施要面对现实、面向未来，远近结合，慎重决策。

（三）公共利益和局部利益的关系

城市规划作为重要的政府行为，具有公共政策的性质，其基本目标，是通过协调和平衡各利益主体反映在城市空间和建设行为上的利益关系，维护城市的全局和长远利益。在社会主义市场经济条件下，由于利益主体的多元化和市场自发作用不可克服的缺陷，妥善处理公共利益和局部利益的矛盾，成为城市规划实施的一项重要内容。城市规划实施要以保障公共利益为前提，兼顾局部利益。有些建设项目从局部利益看可行，从公共利益看不可行，则应予以限制或禁止。例如，不能占用公共绿地及规划绿地道路和广场用地、市政公用设施用地、对外交通用地等搞商品房建设。又例如，对于侵犯公共利益的违法建设，必须坚决予以拆除。有些建设项目，从公共利益看来是可行的，而从局部利益看来是有损其局部利益的，则应协调好公共利益与局部性的关系，促其实现。例如，城市道路的拓宽，占及某些单位的用地，为了保证城市交通发展的需要，这些单位应服从大局。

（四）促进经济发展与保护历史文化遗产的关系

城市建设，不论新区开发或旧城更新，都是为了促进经济、社会的发展。经济发展了，城市建设才有财力的保障。但是，城市是人类物质文明和精神文明的集聚地，遗存有大量有历史文化价值的建筑和街区，其中有些已经通过法定程序列入保护对象。在城市建设中，对这些具有历史文化价值的建筑和街区，必须妥善予以保护。发展经济决不能以拆除历史文化遗产为代价，应当妥善处理好发展经济与保护历史文化的关系。做好历史文化遗产保护，必须深刻认识保护的重要性和紧迫性：

1. 保护历史文化遗产是抢救我国濒危历史文化资源的需要。我国是历史悠久的文明古国，遗留有大量珍贵的文化遗迹、遗址和可移动的珍贵文物。但由于种种原因，历史文化遗产损失、流散严重，许多文物古迹遭到毁坏。九十年代经济高速发展时期，从城市到乡村，对历史文化遗产的"建设性"破坏到处可见，许多历史建筑、历史街区遭到不可恢复的毁坏。这就需要从政府到社会公众都行动起来，以对历史负责和对子孙后代负责的崇高责任感，做好历史文化遗产的抢救、保护工作。通过规划、立法和管理等手段，抢救濒危历史文化遗产，使其免遭"建设性"破坏，是当前城市规划工作义不容辞的历史职责。

2. 保护历史文化遗产，是对人民群众和子孙后代进行爱国主义和历史唯物主义教育的需要。历史文化遗产是历代人民创造的历史结晶，它闪耀着人类创造历史的智慧，是一定时代历史科学文化的实物见证。恢宏的高山大川、壮美的林莽草原等自然风光，以及富有历史文化价值的人文景观，都是陶冶情操、激励心志的活教材；许多与革命历史事件联系的建筑、环境、场所，身临其境，可以缅怀前辈革命的艰辛和创业之不易，使人受到爱国主义和历史唯物主义的教育。

3. 保护历史文化遗产，是发展旅游业的需要。具有丰富历史文化遗产资源的城市，旅游业往往十分发达。如法国巴黎、意大利罗马等，每年从世界各地前往旅游的人数都在千万以上，旅游业的收入约占这些城市国内生产总值的比例的8%～10%。有些历史悠久的城市更是以旅游业为主，并带动相关产业共同发展，旅游业和依托旅游的产业收入，高达这些城市国内生产总值的80%以上。我国一些山川灵秀、历史文化遗产保存较好的城市，如杭州、丽江、平遥等，近年来旅游收入呈直线上升趋势。历史文化名城广州每年接待国内外游客达2000多万人次，1998年旅游业收入315.22亿元。随着我国经济发展和人民生活水平不断提高以及节假日的增加，国内游客亦逐年有较大增长。因此，为振兴地方经济，促进旅游业发展，应保护好历史文化遗产。

4. 保护历史文化遗产是延续历史文脉，实现社会稳定和可持续发展的需要。城市在历史更新和发展中形成了由历史建筑、道路格局和自然地理环境构成的城市空间特征，也形成了与此相适应的一定地域的社区生活结构。这些历史形成的环境和生活结构，是联系世世代代生活在其中的居民的精神纽带，是社会稳定的基础。保护好历史地段的环境，以及存在于这个环境中的一切具有历史文化价值、从而激起人们自豪感和认同感的历史文化遗产，走城市有机更新和延续历史文脉的发展之路，是实现社会稳定和可持续发展的重要保证。

## 第四节 城市规划实施管理

自从人类从事集体生产活动以来，就有了管理工作。随着生产力的发展和科学技术的进步，管理工作日趋复杂，日渐重要，对管理的认识也日益深入。管理，实质上就是为了实现工作目标而进行的一种控制。本节主要介绍城市规划实施管理的概念、原则、任务、内容、制度和基本属性。

### 一、城市规划实施管理的概念

城市规划的实施主要通过城市各项建设的运行和发展来实现。因此，城市规划实施管理主要是对城市土地使用和各项建设进行规划管理。城市规划实施管理是一种行政管理，具有一般行政管理的特点。它是以实施城市规划为目标，行使行政权力的过程和形式。具体他说，就是城市人民政府及其规划行政主管部门依据经法定程序批准的城市规划和相关法律规范，通过行政的、法制的、经济的和社会的管理手段，对城市土地的使用和各项建设活动进行控制、引导、调节和监督，使之纳入城市规划的轨道。

## 二、城市规划实施管理的行政原则

（一）合法性原则

合法性原则是社会主义法制原则在城市规划行政管理中的体现和具体化。行政合法性原则的核心是依法行政，其主要内容，一是规划管理人员和管理对象都必须严格执行和遵守法律规范，在法定范围内依照规定办事。二是规划管理人员和管理对象都不能有不受行政法调节的特权，权利的享受，义务的免除都必须有明确的法律规范依据。三是城市规划实施管理行政行为必须有明确的法律规范依据。一般来说，一个国家的法律对行政机关行为的规定与管理相对人的规定不一样。对于行政机关来说，只有法律规范规定的行为才能为之，即"法无授权不得行、法有授权必须行"。对于管理对象来说，法律规范不禁止的行为都可以做，法律规范规定禁止的行为都不能做。这是因为行政权力是一种公共权力，它以影响公民的权益为特征。为了防止行政机关行使权力时侵犯公民的合法权益，就必须对行政权力的行使范围加以设定。四是任何违犯行政法律规范的行为都是行政违法行为，它自发生之日起就不具有法律效力。一切行政违法主体和个人都必须承担相应的法律责任。

（二）合理性原则

合理性原则的存在有其客观基础。行政行为固然应该合法，但是，任何法律的内容都是有限的。由于现代国家行政活动呈现多样性和复杂性，特别是像城市规划实施这类行政管理工作，专业性、技术性很强，立法机关没有可能来制定详尽的、周密的法律规范。为了保证城市规划的实施，行政管理机关需要享有一定程度的自由裁量权，即根据具体情况，灵活应对复杂局面的行为选择权。此时，规划管理机关应在合法性原则的指导下，在法律规范规定的幅度内，运用自由裁量权，采取适当的措施或做出合适的决定。

行政合理性原则的具体要求是，行政行为在合法的范围内还必须合理。即行政行为要符合客观规律，要符合国家和人民的利益，要有充分的客观依据，要符合正义和公正。例如抢险工程可以先施工后补办相关许可证。

（三）效率性原则

效率性原则是行政管理部门的基本行政原则。它充分体现了行政管理部门为人民服务的宗旨和为城市建设服务的精神。行政部门遵循依法行政的种种要求并不意味着可以降低行政效率。廉洁、高效是人民群众对政府的要求，提高行政效率是许多国家行政改革的基本目标。在法律规范规定的范围内决策，按法定的程序办事，遵守操作规则，将大大提高行政效率，有助于避免失误和不公，并可减少行政争议。

（四）集中统一管理的原则

所谓集中统一管理原则，是指实行城市的统一规划和统一规划管理。实行城市的集中统一的规划管理，是城市本身发展规律提出的客观要求。城市是一个十分复杂而又完整的系统，构成这一系统的各种要素只有相互协调和综合地发挥作用，才能保证系统的有序运行和最大效益的获取。而城市规划作为城市建设和发展的基本政策和综合部署，对城市系统起着统摄全局和综合协调的作用。城市的统一规划和统一规划管理，是城市系统有序运行的基本保证。因此，城市规划必须由城市人民政府集中统一管理。实行规划的集中统一管理，就是要在城市人民政府的领导和管理下，使城市建设和发展严格按照经法定程序批准的城市总体规划逐步实施。在城市建设中，城市的各个部门、行业、各项事业及各个方面，都必须服从城市规划，服从统一的规划管理。对城市总体规划进行局部调整和重大变更的，必须依法报审批机关备案或审批。只有这样，才能维护城市规划的法定权威性，协调和整合城市中各方面的关系，保证城市规划的有效实施，促进城市经济、社会和环境的协调发展。

（五）政务公开的原则

《中华人民共和国宪法》在总纲中规定"中华人民共和国的一切权力属于人民"。人民依照法律规定，通过各种途径和形式，管理国家事务，管理经济和文化事业，管理社会事务。城市规划的实施事关全市居民的利益，城市居民对规划管理的各项事务有知情权、查询权、建议权、投诉权等有关权利。城市规划管理应当实行政务公开。实行政务公开的原则是，规划管理行政行为除法律规范特别规定的外，应一律向社会公开。具体要求为：一是城市规划一经批准，应当向社会公布。二是城市规划实施管理的依据、程序、时限、结果、管理部门和人员、投诉渠道向社会公开。三是市民或建设单位向规划管理部门了解有关的法律、法规、规章、政策和规划时，规划管理部门有回答和解释的义务。

### 三、城市规划实施管理的基本任务

城市规划实施管理有着以下三方面的基本任务：

（一）保障城市规划、建设法律规范和方针政策的施行

城市规划和建设的法律规范，是调整城市规划、建设和管理中的各种社会关系。城市政府为保证城市建设协调有序进行，还适时地颁布有关的方针、政策和命令。它们都体现了公众的根本利益，是规划、建设和管理城市

的基本依据。城市规划实施管理是一项行政管理工作，不论制定城市规划及其法律规范文件，还是对建设用地和建设活动进行规划管理，都必须执行有关法律、法规、规章和政策。

（二）保障城市综合功能的发挥，促进经济、社会和环境的协调、可持续发展

城市建设必须适应经济、社会的发展，为市民提供不断增长的生活、工作、学习和休闲的环境和条件。城市规划实施管理的任务，就是要不断完善和拓展城市功能，改善和优化人们的社会生活环境和自然生态环境，保护好有历史文化价值的历史建筑和历史街区，促进经济、社会和环境在城市空间上协调、可持续的发展，满足市民日益增长的物质、文化和生活环境的需求。

（三）保障城市各项建设纳入城市规划的轨道，促进城市规划的实施

城市规划作为一个实践过程，包括编制、审批和实施三个环节。城市规划的实施受到各种因素和条件的制约，这就需要通过城市规划管理协调处理好各种各样的问题，使各项建设遵循城市规划的要求进行，由于各种因素和条件的发展、变化，在城市规划实施过程中，还需要通过城市规划实施管理，对城市规划不断加以完善、补充和优化。因此，城市规划实施管理既是执行和落实城市规划的过程，也是城市规划的不断完善和深化的过程。

## 四、城市规划实施管理的基本制度

城市规划实施管理的基本制度是规划许可制度，即城市规划行政主管部门根据依法审批的城市规划和有关法律规范，通过核发建设项目选址意见书、建设用地规划许可证和建设工程规划许可证（通称"一书两证"），对各项建设用地和各类建设工程进行组织、控制、引导和协调，使其纳入城市规划的轨道。

（一）建设项目选址意见书

建设项目选址意见书是在建设项目的前期可行性研究阶段，由城市规划行政主管部门依据城市规划对建设项目的选址提出要求的法定文件，是保证各项工程选址符合城市规划，按规划实施建设的重要管理环节。

国家计委、国家建委、财政部于1978年颁布的《关于基本建设程序的若干规定》明确规定"建设项目必须慎重选择建设地点。要贯彻执行工业布局大分散、小集中，多搞小城镇的方针。要考虑战备和保护环境的要求。要注意工农结合，城乡结合，有利生产，方便生活。要注意经济合理和节约用地。要认真调查原料、工程地质、水文地质、交通、电力、水源、水质等建设条件。要在综合研究和进行多方案比较的基础上，提出选点报告。选择建

设地点的工作，按项目隶属关系，由主管部门组织勘察设计等单位和所在地的有关部门共同进行。凡在城市辖区内选点的，要取得城市规划部门的同意，并且要有协议文件。"1985年，国家计委和城乡建设环境保护部《关于加强重点项目建设中城市规划和前期工作的通知》指出"凡与城镇有关的建设项目，应按照《城市规划条例》的有关规定，在当地城市规划部门的参与下共同选址。各级计委在审批建设项目的建议书和设计任务书时，应征求同级城市规划主管部门的意见。"以上规定，经过多年来的实践证明是正确的、行之有效的，必须进一步坚持下去。《城市规划法》第三十条规定："城市规划区内的建设工程的选址和布局必须符合城市规划。设计任务书报请批准时，必须附有城市规划行政主管部门的选址意见书。"

（二）建设用地规划许可证

《城市规划法》第三十一条规定"建设单位或者个人在取得建设用地规划许可证后，方可向县级以上地方人民政府土地管理部门申请用地。"第三十九条规定"在城市规划区内，未取得建设用地规划许可证而取得建设用地批准文件、占用土地的，批准文件无效。占用的土地由县级以上人民政府责令退回。"明确规定了建设用地规划许可证是建设单位在向土地管理部门申请征用、划拨土地前，经城市规划行政主管部门确认建设项目位置和范围符合城市规划的法定凭证。核发建设用地规划许可证的目的是确保土地利用符合城市规划，同时，为土地管理部门在城市规划区内行使权属管理职能提供必要的法律依据。土地管理部门在办理征用、划拨建设用地过程中，若确需改变建设用地规划许可证核定的用地位置和界限，必须与城市规划行政主管部门商议并取得一致意见，修改后的用地位置和范围应符合城市规划要求。

（三）建设工程规划许可证

建设工程规划许可证是有关建设工程符合城市规划要求的法律凭证。《城市规划法》第三十二条规定"在城市规划区内新建、扩建和改建建筑物、构筑物、道路、管线和其他工程设施，必须持有关批准文件向城市规划行政主管部门提出申请，由城市规划行政主管部门根据城市规划提出的规划设计要求，核发建设工程规划许可证件"。

建设工程规划许可证的作用，一是确认有关建设活动的合法地位，保证有关建设单位和个人的合法权益；二是作为建设活动进行过程中接受监督时的法定依据，城市规划管理工作人员要根据建设工程规划许可证规定的建设内容和要求进行监督检查，并将其作为处罚违法建设活动的法律依据；三是作为有关城市建设活动的重要历史资料和城市建设档案的重要内容。

（四）建设行为规划监察

建设行为的规划监察是保证土地利用和各项建设活动符合规划许可要求

的重要手段。《城市规划法》第三十六条规定"城市规划行政主管部门有权对城市规划区内的建设工程是否符合规划要求进行检查"。第三十八条又规定"城市规划行政主管部门可以参加城市规划区内重要建设工程的竣工验收"。

### 五、城市规划实施管理的主要内容

城市规划实施管理的主要内容，取决于城市规划实施管理的任务。它反映了城市规划实施要求和行政管理职能的要求。就城市规划实施要求来看，主要管好城市规划区内土地的使用；其次是管好各项建设工程的安排；第三是加强城市规划实施的监督检查。

城市规划实施管理的内容分两个层面，即城市规划实施管理的工作内容和具体管理内容：

（一）建设项目选址规划管理

建设项目选址，顾名思义，它是选择和确定建设项目建设地址。它是各项建设使用土地的前提，是城市规划实施管理对建设工程实施引导、控制的第一道工序，是保障城市规划合理布局的关键。该项工作审核的内容有：

1．建设项目的基本情况。主要是根据经批准的建设项目建议书，了解建设项目的名称、性质、规模，对市政基础设施的供水、能源的需求量，采取的运输方式和运输量，"三废"的排放方式和排放量等，以便掌握建设项目选址的要求。

2．建设项目与城市规划布局的协调。建设项目的选址必须按照批准的城市规划进行。建设项目的性质大多数是比较单一的，但是，随着经济、社会的发展和科学技术的进步，出现了土地使用的多元化，也深化了土地使用的综合性和相容性。按照土地使用相符和相容的原则安排建设项目的选址，才能保证城市布局的合理。

3．建设项目与城市交通、通讯、能源、市政、防灾规划和用地现状条件的衔接与协调。建设项目一般都有一定的交通运输要求、能源供应要求和市政公用设施配套要求等。在选址时，要充分考虑拟使用土地是否具备这些条件，以及能否按规划配合建设的可能性，这是保证建设项目发挥效益的前提。没有这些条件的，则坚决不予安排选址。同时，建设项目的选址还要注意对城市市政交通和市政基础设施规划用地的保护。

4．建设项目配套的生活设施与城市居住区及公共服务设施规划的衔接与协调。一般建设项目，特别是大中型建设项目都有生活设施配套的要求。同时，征用农村土地、拆迁宅基地的建设项目还有安排被动迁的农民、居民的生活设施的安置问题。这些生活设施，不论是依托旧区还是另行安排，都有交通配合和公共生活设施的衔接与协调问题。建设项目选址时必须考虑周到，使之有利生产，方便生活。

5. 建设项目与城市环境保护规划和风景名胜、文物古迹保护规划、城市历史风貌区保护规划等相协调。建设项目的选址不能造成对城市环境的污染和破坏，而要与城市环境保护规划相协调，保证城市稳定、均衡、持续的发展。生产或存储易燃、易爆、剧毒物的工厂、仓库等建设项目，以及严重影响环境卫生的建设项目，应当避开居民密集的城市市区，以免影响城市安全和损害居民健康。产生有毒、有害物质的建设项目应当避开城市的水源保护地和城市主导风向的上风以及文物古迹和风景名胜保护区。建设产生放射性危害的设施，必须避开城市市区和其他居民密集区，并设置防护工程和废弃物处理设施，妥善考虑事故处理措施。

6. 交通和市政设施选址的特殊要求。港口设施的建设，必须综合考虑城市岸线的合理分配和利用，保证留有足够的城市生活岸线。城市铁路货运干线、编组站、过境公路、机场、供电高压走廊及重要的军事设施应当避开居民密集的城市市区，以免割裂城市，妨碍城市的发展，造成城市有关功能的相互干扰。

7. 珍惜土地资源、节约使用城市土地。建设项目尽量不占、少占的良田和菜地，尽可能挖掘现有城市用地的潜力，合理调整使用土地。

8. 综合有关管理部门对建设项目用地的意见和要求。根据建设项目的性质和规模以及所处区位，对涉及到的环境保护、卫生防疫、消防、交通、绿化、河港、铁路、航空、气象、防汛、军事、国家安全、文物保护、建筑保护和农田水利等方面的管理要求，必须符合有关规定并征求有关管理部门的意见，作为建设项目选址的依据。

（二）建设用地规划管理

建设用地规划管理是城市规划实施管理的核心。它与土地管理既有联系又有区别，其区别在于管理职责和内容。建设用地规划管理负有实施城市规划的责任，它是按照城市规划确定建设工程使用土地的性质和开发强度，根据建设用地要求确定建设用地范围，协调有关矛盾，综合提出土地使用规划要求，保证城市各项建设用地按照城市规划实施。土地管理的职责是维护国家土地管理制度，调整土地使用关系，保护土地使用者的权益，节约、合理利用土地和保护耕地。土地管理部门负责土地的征用、划拨和出让；受理土地使用权的申报登记；进行土地清查、勘查、发放土地使用权证；制定土地使用费标准，向土地使用者收取土地使用费；调解土地使用纠纷；处理非法占用、出租和转让土地等。

建设用地规划管理与土地管理的联系在于管理的过程，城市规划行政主管部门依法核发的建设用地规划许可证，是土地行政主管部门在城市规划区内审批土地的前提和重要依据。《城市规划法》规定"在城市规划区内，未取得建设用地规划许可证而取得建设用地批准文件、占用土地的，批准文件无效，占用的土地由县级以上人民政府责令退回"。因此，建设用地的规划管理和土地管理应该密切配合，共同保证和促进城市规划的实施和城市土地的有效管理，决不能对立或割裂开来。

建设用地规划管理的主要内容如下：

1. 核定土地使用性质。土地使用性质的控制是保证城市规划布局合理的重要手段。为保证各类建设工程都能遵循土地使用性质相容性的原则，互不干扰，各得其所，应严格按照批准的详细规划控制土地使用性质，选择建设项目的建设地址。尚无批准的详细规划可依，且详细规划来不及制定的特殊情况，城市规划行政主管部门应根据城市总体规划，充分研究建设项目对周围环境的影响和基础设施条件具体核定。核定土地使用性质应符合标准化、规范化的要求，必须严格执行《城市用地分类与规划建设用地标准》的有关规定。凡因情况变化确需改变规划用地性质的，如对城市总体规划实施和周围环境无碍，应先做出调整规划，按规定程序报经批准后执行。

我国大多数城镇的旧区都不同程度存在着布局混乱，各类用地混杂相间，市政公用设施容量不足，城市道路狭窄弯曲，通行能力差等问题。这些问题的存在，已经严重影响了城市功能的发挥。对一些矛盾突出，严重影响生产、生活的用地进行调整，可以促进经济的发展，改善城市环境质量，节约城市建设用地。按照城市规划调整城市中不合理的用地布局，成为建设用地规划管理的重要内容。因此，城市规划要充分发挥控制、组织和协调作用，根据实事求是的原则，兼顾城市公共利益和相关单位的合法利益，积极开展城市旧区不合理用地的调整。对于范围较大的旧区改建，需要编制地区详细规划并按法定程序批准后，方可组织用地调整。

2. 核定土地开发强度。核定土地开发强度是通过核定建筑容积率和建筑密度两个指标来实现的。

（1）建筑容积率是指建筑基地范围内地面以上建筑面积总和与建筑基地面积的比值。建筑容积率是保证城市土地合理利用的综合指标，是控制城市土地使用强度的最重要的指标。容积率过低，会造成城市土地资源的浪费和经济效益的下降；容积率过高，又会带来市政公用基础设施负荷过重，交通负荷过高，环境质量下降等负面影响。不仅建设项目效能难以正常发挥，城市的综合功能和集聚效应也会受到影响。

（2）建筑密度是指建筑物底层占地面积与建筑基地面积的比率（用百分比表示）。核定建设项目的建筑密度，是为了保证建设项目建成后城市的空间环境质量,保证建设项目能满足绿化、地面停车场地,消防车作业场地,人流集散空间和变电站、煤气调压站等配套设施用地的面积要求。建筑密度指标和建筑物的性质有密切的关系。如居住建筑,为保证舒适的居住空间和良好的日照、通风、绿化等方面的要求,建筑密度一般较低;而办公、商业建筑等底层使用频率较高,为充分发挥土地的效益,争取较好的经济效益,建筑密度则相对较高。同时,建筑密度的核定,还必须考虑消防、卫生、绿化和配套设施等各方面的综合技术要求。对成片开发建设的地区应编制详细规划,重要地区应进行城市设计,并根据经批准的详细规划和城市设计所确定的建筑密度指标作为核定依据。

3.确定建设用地范围主要是通过审核建设工程设计总平面图确定,需要说明的是,对于土地使用权有偿出让的建设用地范围,应根据经城市规划行政主管部门确认,并附有土地使用规划要求的土地使用权出让合同来确定。

4.核定土地使用其他规划管理要求。城市规划对土地使用的要求是多方面的,除土地使用性质和土地使用强度外,还应根据城市规划核定其他规划管理要求,如建设用地内是否涉及规划道路,是否需要设置绿化隔离带等。另外,对于临时用地,应提出使用期限和控制建设的要求。

(三)建设工程规划管理

建设工程规划管理早于现代城市规划制度的建立。在现代城市规划概念产生以前,作为建设工程规划管理的雏形,在某些城市已有不同程度的规则、法令约束,通过审核发证,以保证公共卫生、公共安全、公共交通和市容景观等公共权益方面的要求。随着现代城市规划制度的建立和城市规划工作的发展,建设工程规划管理已成为城市规划管理的一个非常重要的管理环节。

建设工程类型繁多、性质各异,归纳起来可以分为建筑工程、市政管线工程和市政交通工程三大类。这三类建设工程形态不一,特点不同,城市规划实施管理需有的放矢、分类管理。下面就建筑工程规划管理、市政管线工程规划管理和市政交通工程规划管理分别加以介绍。

1.建筑工程规划管理主要内容

主要有以下几个方面:

(1)建筑物使用性质的控制。建筑物使用性质与土地使用性质是有关联的。在管理工作中,要对建筑物使用性质进行审核,保证建筑物使用性质符合土地使用性质相容的原则,保证城市规划布局的合理。

(2)建筑容积率和建筑密度的控制。主要根据详细规划确定的建筑容积率和建筑密度进行控制。

(3) 建筑高度的控制。建筑高度应按照批准的详细规划和管理规定进行控制，应综合考虑道路景观视觉因素，文物保护或历史建筑保护单位环境控制要求，机场和电讯对建筑高度的要求，以及其他有关因素对建筑物高度进行控制。

(4) 建筑间距的控制。建筑间距是建筑物与建筑物之间的平面距离。建筑物之间因消防、卫生防疫、日照、交通、空间关系以及工程管线布置和施工安全等要求，必须控制一定的间距，确保城市的公共安全、公共卫生、公共交通以及相关方面的合法权益。例如，近几年城市高层建筑增多，有些城市由于日照间距控制不严，引发了居民纠纷，影响到社会稳定。

(5) 建筑退让的控制。建筑退让是指建筑物、构筑物与比邻规划控制线之间的距离要求。如拟建建筑物后退道路红线、河道蓝线、铁路线、高压电线及建设基地界线的距离。建筑退让不仅是为保证有关设施的正常运营，而且也是维护公共安全、公共卫生、公共交通和有关单位、个人的合法权益的重要方面。

(6) 建设基地相关要素的控制。建设基地内相关要素涉及城市规划实施管理的有绿地率、基地出入口、停车泊位、交通组织和建设基地标高等。审核这些内容的目的是，维护城市生态环境、避免妨碍城市交通和相邻单位的排水等。

(7) 建筑空间环境的控制。建筑工程规划管理，除对建筑物本身是否符合城市规划及有关法规进行审核外，还必须考虑与周围环境的关系。城市设计是帮助规划管理对建筑环境进行审核的途径，特别是对于重要地区的建设，应按城市设计的要求，对建筑物高度、体量、造型、立面、色彩进行审核。在没有进行城市设计的地区，对于较大规模或较重要建筑的造型、立面、色彩亦应组织专家进行评审，从地区环境出发，使其在更大的空间内达到最佳景观效果。同时，基地内部空间环境亦应根据基地所处的区位，合理地设置广场、绿地、户外雕塑并同步实施。对于较大的建设工程或者居住区，还应审核其环境设计。

(8) 各类公建用地指标和无障碍设施的控制。在地区开发建设的规划管理工作中，要根据批准的详细规划和有关规定，对中小学、托幼及商业服务设施的用地指标进行审核，并考虑居住区内的人口增长，留有公建和社区服务设施发展备用地，使其符合城市规划和有关规定，保证开发建设地区的公共服务设施使用和发展的要求，不允许房地产开发挤占居住区配套公建用地。同时，对于办公、商业、文化娱乐等公共建筑的相关部位，应按规定设置无障碍设施并进行审核。对于地区开发建设基地，还应对地区内的人行道是否设置残疾人轮椅坡道和盲人通道等设施进行审核，保障残疾人的权益。

(9) 临时建设的控制。对于各类临时建设提出使用期限和建设要求等。

(10) 综合有关专业管理部门的意见。建筑工程建设涉及有关的专业管理部门较多，有的已在各城市制定的有关管理规定中明确需征求哪些相关部门的意见。在建筑工程管理阶段比较多的是需征求消防、环保、卫生防疫、交通、园林绿化等部门的意见。有的建筑工程，应根据工程性质、规模、内容以及其所在地区环境，确定还需征求其他相关专业管理部门的意见。作为规划管理人员，对有关专业知识的主要内容，特别是涉及规划管理方面的知识，应有一定的了解，不断积累经验，以便及早发现问题，避免方案反复，达到提高办事效率的目的。

以上各项审核内容，需根据建筑工程规模和基地区位，在规划管理审核中有所侧重。

2．市政交通工程管理的主要内容

交通，就一个城市来讲，分为市内交通、市域交通和对外交通，三者联系极为密切。交通工程的物质形态又有建筑物、构筑物和线路网络之别。如车站、航站、港口、码头等，属于建筑工程规划管理范围；城市道路、公路、地下铁道等是本部分介绍的内容，称为市政交通工程。市政交通工程规划管理包括以下主要内容：

（1）地面道路（公路）工程的规划控制。主要是根据城市道路交通规划，在管理中控制其走向、路幅宽度、横断面布置、道路标高、交叉口形式、路面结构以及广场、停车场、公交车站、收费口等相关设施的安排。

（2）高架市政交通工程的规划控制

无论是城市高架道路工程，还是城市高架轨道交通工程，都必须严格按照它们的系统规划和单项工程规划进行控制。其线路走向、控制点坐标等控制，应与其地面道路部分相一致。它们的结构立柱的布置，要与地面道路及横向道路的交通组织相协调，并要满足地下市政管线工程的敷设要求，高架道路的上、下匝道的设置，要考虑与地面道路及横向道路的交通组织相协调。高架轨道交通工程的车站设置，要留出足够的停车场面积，方便乘客换乘，高架市政交通工程在城市中"横空出世"，要考虑城市景观的要求。高架市政交通工程还应设置有效的防治噪声、废气的设施，以满足环境保护的要求。

（3）地下轨道交通工程的规划控制

地下轨道交通工程，也必须严格按照城市轨道交通系统规划及其单项工程规划进行规划控制。其线路走向除需满足轨道交通工程的相关技术规范要求外，尚应考虑保证其上部和两侧现有建筑物的结构安全；当地下轨道交通工程在城市道路下穿越时，应与相关城市道路工程相协调，并须满足市政管线工程敷设空间的需要。地铁车站工程的规划控制，必须严格按照车站地区的详细规划进行规划控制。先期建设的地铁车站工程，必须考虑系统中后期建设的换乘车站的建设要求，车站与相邻公共建筑的地下通道、出入口必须同步实施，或预留衔接构造口。地铁车站的建设应与详细规划中确定的地下人防设施、地区地下空间的综合开发工程同步实施。地铁车站附属的通风设施、变配电设施的设置，除满足其功能要求外，尚应考虑城市景观要求，体量宜小不宜大，要妥善处理好外形与环境。地铁车站附近的地面公交换乘站点，公共停车场等交通设施应与车站同步实施。与城市道路规划红线的控制一样，城市轨道交通系统规划确定的走向线路及其两侧的一定控制范围（包括车站控制范围），必须严格地进行规划控制。

(4) 城市桥梁、隧道、立交桥等交通工程的规划控制

城市桥梁（跨越河道的桥梁、道路或铁路立交桥梁、人行天桥等）、隧道（含穿越河道、铁路、其他道路的隧道、人行地道等）的平面位置及形式是根据城市道路交通系统规划确定的，其断面的宽度及形式应与其衔接的城市道路相一致。桥梁下的净空应满足地区交通或通航等要求；隧道纵向标高的确定既要保证其上部河道、铁路、其他道路等设施的安全，又要考虑与其衔接的城市道路的标高。需要同时敷设市政管线的城市桥梁、隧道工程，尚应考虑市政管线敷设的特殊要求。在城市立交桥和跨河、路线桥梁的坡道两端，以及隧道进出口30m的范围内，不宜设置平面交叉口。城市各类桥梁结构选型及外观设计应充分注意城市景观的要求。

(5) 其他

有些市政交通工程项目的施工期间，往往会影响一定范围的城市交通的正常通行，因此在其工程规划管理中还需要考虑工程建设期间的临时交通设施建设和交通管理措施的安排，以保证城市交通的正常运行。

3．市政管线工程规划管理主要内容

市政管线是指城市各类工程管线，如上水管、雨水管、污水管、煤气管、电力和电信管线、电车馈线和各类特殊管线（如化工物料管、输油管、热力管等）。市政管线很多是地下隐蔽工程，往往被人们忽视。但如不加强管理，各类管线随意埋设，不仅不能有效地利用地下空间，还会破坏其他管线，引发矛盾，妨碍建设的协调、可持续发展。市政管线工程规划管理，就是根据城市规划实施和综合协调相关矛盾的要求，按照批准的城市规划和有关法律规范以及现场具体情况，综合平衡协调，控制其走向、水平和竖向间距、埋置深度或架设高度，并处理好与相关道路施工、沿街建筑、途径桥梁、行道树等方面的关系，保证其合理布置。当市政管线埋没遇到矛盾时，原则上是非主要管线服从主要管线，临时性管线服从永久性管线，压力管线服从重力管线，可弯曲管线服从不可弯曲管线。

（四）历史文化遗产保护规划管理

城市建设的发展与历史文化遗产的保护是城市规划管理中经常碰到的一对矛盾。近几年，随着我国城镇化和城市旧区更新改造进程的加快，这一矛盾愈显得突出。历史文化遗产保护是贯穿在建设项目选址、建设用地和建设工程规划管理之中的，并不是一项独立的规划管理工作。由于保护工作的特殊性和紧迫性，故专门介绍。

20世纪80年代以来，我国已批准公布了99个国家级历史文化名城，120个省市级历史文化名城，并有万里长城等27处方城遗址和自然风景区被联合国列为世界历史文化遗产。历史文化遗产保护工作，由早期的文物个体保护逐步扩大到历史建筑，历史地区整体风貌和历史文化名城系统保护；从历史文化遗产保护扩大到自然遗产保护，连续上了四个台阶。

在城市规划实施管理中，涉及到历史文化遗产保护工作主要涉及以下两个方面的内容：

1．历史文化风貌地区的保护

历史文化风貌地区的保护，是保护该地区的历史真实性和历史风貌的完整性。可以概括为以下三个要素：

（1）自然地理景观环境

自然地理环境是构成历史风貌地区独特景观的重要组成部分，它是孕育这一地区特有的风土人情和人文精神的环境要素。这种自然地理环境也包括历代人们对自然进行加工改造后的人与自然结合的环境。

（2）独特的街道空间格局

街道空间格局是构成城市的基本单元，是城市肌理和质地的具体体现，它们包括历史风貌地区的布局形态（包括历史演变的形态）、道路交通、公共活动空间、历史建筑构成的天际轮廓线等。

（3）历史建筑实体

主要是携带历史信息的文物古迹、历史建构筑物，以及反映一定历史时代城市建设科技水平的公共设施等。

2．法定历史建筑保护

历史建筑范围较广。位于历史风貌地区的一般历史建筑已在上面已述及，这里着重阐述经过一定程序由国家和各级地方政府批准列入保护名录的各级法定保护建筑。法定历史建筑保护单位的保护必须遵循历史的原真性和建筑的完整性原则。法定历史保护建筑的保护内容主要是建筑物实体和建筑环境两个方面：

（1）保护建筑实体

包括国家级、省市级、县区级文物建筑，各级政府批准公布的优秀近现代建筑物、构筑物。这些建筑物、构筑物必须是历史的真实存在，不是后来的仿建物；有的即使历史上有所增建、改建，但所占的比例极少，建筑的原有立面、空间格局、主要装修仍基本保持历史原貌。具体保护内容需根据专家鉴定，将历史建筑划分不同等级，确定保护重点。

（2）保护建筑环境

这里指保护建筑所处的一定范围的历史环境。需保护历史的原有面貌或者基本保持原有面貌。建筑与其所处环境有着密不可分、有机联系的关系，就像植物与土地的关系。失去历史建筑赖以存在的历史环境，建筑的保存就失去意义，至少是大打折扣。当前法定历史建筑保护中最大的问题是其环境的保护。不少历史保护建筑在旧城成片改造中，孤岛般蛰伏在林立的高楼下面，让人扼腕。

（五）城市规划实施的监督检查

城市规划实施的监督检查，主要包括以下内容：

1. 城市土地使用情况的监督检查

城市土地使用情况的监督检查包括两个方面：

（1）对建设工程使用土地情况的监督检查。建设单位和个人领取建设用地规划许可证后，应当按规定办妥土地征用、划拨或者受让手续，领取土地使用权属证件后方可使用土地。城市规划行政主管部门应当对建设单位和个人使用土地的性质、位置、范围、面积等进行监督检查。发现用地情况与建设用地规划许可证的规定不相符的，应当责令其改正，并依法做出处理。

（2）对规划建成地区和规划保护、控制地区规划实施情况的监督检查。城市规划行政主管部门应当对城市中建成的居住区、工业区和各类综合开发地区，以及规划划定的各类保护区、控制区及其他分区的规划控制情况进行监督检查，特别要严格监督检查文物保护单位和历史建筑保护单位的保护范围和建筑控制地带，以及历史风貌地区（地段、街区）的核心保护区和协调区的建设控制情况。

2. 对建设活动全过程的行政检查

城市规划行政主管部门核发的建设工程规划许可证，是确认有关建设工程符合城市规划和城市规划法律规范要求的法律凭证。它确认了有关建设活动的合法性，确定了建设单位和个人的权利和义务。检查建设活动是否符合建设工程规划许可证的规定，是监督检查的重要任务之一。具体任务包括：

（1）建设工程开工前的订立红线界桩和复验灰线。

（2）施工过程中的跟踪检查。

（3）建设工程竣工后的规划验收。

3. 查处违法用地和违法建设

(1) 查处违法用地。建设单位或个人未取得城市规划行政主管部门批准的建设用地规划许可证，或者未按照建设用地规划许可证核准的用地范围和使用要求使用土地的，均属违法用地。城市规划行政主管部门应当依法进行监督检查和处理。按照《中华人民共和国城市规划法》规定，建设单位或个人未取得城市规划行政主管部门批准的建设用地规划许可证，而取得土地批准文件。占用土地的，用地文件无效，占用的土地，由县级以上人民政府责令收回。

(2) 查处违法建设。建设单位或者个人根据其需要，时常会未向城市规划行政主管部门申请领取建设工程规划许可证，就擅自进行建设，即无证建设；或虽领取了建设工程规划许可证，但违反建设工程规划许可证的规定进行建设，即越证建设。按照城市规划法律、法规的规定，无证建设和越证建设均属违法建设。城市规划行政主管部门通过监督检查，应及时制止并依法做出处理。例如，2000年北京市拆除建设300万平方米；上海在1998—2000年三年内拆除违法建设300万平方米。

4. 对建设用地规划许可证和建设工程规划许可证的合法性进行监督检查

建设单位或者个人采取不正当的手段获得建设用地规划许可证和建设工程规划许可证的；或者私自转让建设用地规划许可证和建设工程规划许可证的，均属不合法，应当予以纠正或者撤销。城市规划行政主管部门违反城市规划及其法律、法规的规定，核发的建设用地规划许可证和建设工程规划许可证，或者做出其他错误决定的，应当由同级人民政府或者上级城市规划行政主管部门责令其纠正，或者予以撤销。

5. 对建筑物，构筑物使用性质的监督检查

在市场经济体制和经济结构调整的条件下，随意改变建筑物规划使用性质的情况日益增多，一些建筑物使用性质的改变，对环境、交通、消防、安全等产生不良影响，也影响到城市规划的实施。对此也应进行监督检查。但目前这方面还是管理的空白，尚需研究和探索。

### 六、城市规划实施管理的基本属性

城市规划实施管理具有综合性、整体性、系统性、时序性、地方性、政策性、技术性、艺术性等诸多属性。管理工作中需要特别注意的是以下一些基本属性：

(一) 就管理的职能而言，城市规划实施管理具有服务和制约的双重属性。这是由国家行政机关职能所确定的，也是城市合理发展和建设的要求所决定的

社会主义国家行政机关的职能是建设和完善社会主义制度，促进经济、

社会和环境的协调发展，不断改善和满足人民物质生活和文化生活日益增长的需要，是为人民服务。城市规划管理作为一项城市政府职能，其管理目标也是为社会主义现代化建设服务，为人民服务，是为促进实现经济、社会和环境的协调、可持续发展。所以城市规划实施管理根本上是服务，是在管理活动中为维护城市公共利益而采取的控制措施，是一种积极的制约，其目的是使城市的各项建设不影响人民根本的、长远的利益。

城市规划实施管理必须适应经济和社会发展的需要。城市作为一个物质实体，它的发展总要受到土地、交通、能源、供水、环境、农副产品供应等诸多因素的制约，在城市范围内安排建设项目，也会受到空间容量、生态环境要求、交通运输条件、城市基础设施供应、相关方面的权益和有关方面的管理要求等多方面因素的制约，同时各项建设的比例问题及速度问题也需要相互协调，这就要求城市规划管理既要为之服务，又要加以制约。

认识到城市规划实施管理具有服务和制约的双重属性，就要求规划管理人员树立服务的思想，把服务放在首位。制约也是为了更好的服务，要强调服务当头，管在其中。

（二）就管理的对象而言，城市规划实施管理具有宏观管理和微观管理的双重属性。这是城市规划实施的要求所决定的

城市规划着眼于城市的合理发展。城市规划实施管理的对象，大到整个城市，小到具体某一项建设工程，既有宏观的对象，又有微观的对象。城市的发展要放到整个经济和社会发展的大范围内考察，城市的发展必然受到政治、经济因素和政府决策的影响。宏观管理的重点就是要遵循党和政府的路线、方针、政策和一系列的原则，城市规划实施管理的政策性强的道理也就在这里。城市的布局是具体建设工程的分布，城市规划实施管理所审核的每一项建设用地或建设工程都或多或少地对城市的布局产生一定的影响，因此，必须把每项建设用地或建设工程放在城市的大范围内考察，不能就事论事地处理问题。

认识到规划实施管理宏观管理和微观管理的双重性，就要求规划管理人员增强政策观念和全局观念，正确处理局部与整体、需要与可能的辩证关系，要大处着眼，小处入手。

（三）就管理的内容而言，城市规划实施管理具有专业和综合的双重属性。这是城市作为一个有机综合体，具有多功能、多层次、多因素、错综复杂、动态关联的本质所决定的

城市管理包括户籍管理、交通管理、市容卫生管理、环境保护管理、消防管理、文物保护管理、土地管理、房屋管理及规划管理等工作。城市规划实施管理只是其中的一个方面，是一项专业的技术行政管理，有其特定的职

能和管理内容。但它又和上述其他管理相互联系，相互交织在一起，大量的管理中的实际问题都是综合性问题。高度分工必然要高度综合。一项建设工程设计方案除了涉及城市规划的要求外，因其区位和性质还会涉及环境保护、环境卫生、卫生防疫、绿化、国防、人防、消防、气象、抗震、防汛、排水、河港、铁路、航空、交通、邮电、工程管线、地下工程、测量标志、文物保护、农田水利等管理的要求。这就要求规划管理部门作为一个综合部门来进行系统分析，综合平衡，协调有关问题。一般讲，规划管理部门作为牵头单位的道理也在这里。

认识到城市规划实施管理具有专业和综合的双重属性，就要求规划管理人员正确认识规划管理在城市管理大系统中的地位和作用，运用科学的系统方法进行综合管理，重视整体功能效益，并在相互作用因素中探索有效的运行规律，更好地进行综合协调，提高管理工作效率和效益。

（四）就管理的过程而言，城市规划实施管理具有管理阶段性和发展长期性的双重属性。这是由于城市的形成和发展是一个漫长的历史过程所决定的

城市的布局结构和形态是长期的历史发展所形成的。通过城市的建设和改造来改变城市的布局结构和形态不是一蹴而就的，需要一个历史发展过程。它的速度总要和经济、社会发展的速度相适应，与当时能够提供的财力、物力、人力相适应。因此，城市规划实施管理具有一定的历史阶段性。同时，经济和社会的发展是不断变化的，城市规划实施管理在一定历史条件下审批的建设用地或建设工程，随着时间的推移和数量的积累，必然对城市的未来发展产生影响。城市规划实施管理工作必须体现城市发展的持续性和长期性要求。例如住宅建筑，由于科学技术的进步，住宅建筑的物质寿命得以延长，另一方面随着经济、社会发展，人们对住宅舒适水平要求日益提高，住宅建筑的精神寿命趋于缩短。这种不平衡的矛盾，在管理上应探索灵活应变的方法，留有余地，不要把文章做"死"，要具有应变的能力。

认识到城市规划实施管理具有管理阶段性和发展持续性的双重属性，就要求规划管理人员重视古今中外城市建设的经验教训，即城市建设的正确决策产生的成就，可以成为城市发展的里程碑；而在这方面的决策失误，则会造成千古遗憾，难以挽回。要树立立足当前，放眼长远，远近结合，慎重决策的思想。

（五）就管理的方法而言，城市规划实施管理具有规律性和能动性的双重属性。这是由于城市规划实施管理是一门管理科学所决定的

任何管理都是一项社会实践活动。只有遵循客观规律的实践活动才能获得成功，而客观规律又是实践经验的总结和概括。这就要求规划管理工作既

要遵循客观规律又要充分发挥主观能动性，研究新问题，创造性地探求管理的新思路、新方法和新途径。在知识经济时代，创新是管理工作的灵魂。

城市规划实施管理在实际工作中要遵循城市规划理论和按法定程序批准的城市规划各项内容和要求，这是最基本的。同时又必须看到，经济、社会的发展中各种因素的变化又是错综复杂的，在城市规划实施管理活动中对具体问题的处理，需要根据上述原则、要求去进行创造性的工作。例如，近几年根据经济发展要求进行产业结构调整，由此引起城市土地使用功能布局的调整，如何适时地、恰当地进行处理；地区开发建设如何贯彻"统一规划、合理布局、综合开发、配套建设"的原则；建筑保护单位周围地区的建设如何有效地实施建筑保护的要求，……？这些问题的处理都要根据城市规划的原则、要求，对具体问题进行具体分析，才能提出恰当的处理意见。在处理过程中逐渐产生若干成功的范例，这些范例的积累概括和理性化，就是对城市发展规律的补充和完善。

认识到城市规划实施管理规律性和创造性的双重属性，就要求城市规划管理人员敢于和善于坚持原则，要不断研究新情况，新问题，实事求是地处理问题，使原则性和灵活性相结合，重视工作范例的积累，不断总结经验，探索工作规律，创造性地进行工作。

## 第五节 城市规划法制化

城市规划法制建设是科学制定和严格实施城市规划的有力保障。增强城市规划的法律地位，是城市规划工作改革的一项重要课题。本节主要介绍城市规划法制化的概念、内涵、意义和我国现行城市规划法规体系。

### 一、城市规划法制化的概念和内涵

社会主义法制是指按照广大人民群众的意志建立起来的法律和制度，以及通过法律和制度建立起来的社会主义法律秩序。社会主义法制的基本要求是"有法可依，有法必依，执法必严，违法必究"。它是立法、执法、守法和法律监督诸方面的统一体，其基本精神是依法行政，依法办事。城市规划法制化内涵体现在以下几个方面：

（一）建立和完善城市规划法规体系

我国在过去相当一个时期内，由于历史的原因，国家法制建设没有受到应有的重视，城市规划和建设领域的立法工作尤为薄弱。在当时特定的条件下，城市规划作为国民经济计划的延伸和具体化，规划和建设管理的依据主要是政策文件，行政行为不一定以法律授权为前提，管理手段主要依靠行政手段。这种情况有其历史原因，在当时也产生过积极的作用，在今后的城市规划和建设中，仍然需要发挥我国的政治优势和行政管理的积极作用。但是，在社会主义市场经济体制下，城市建设投资主体趋于多元化，社会利益也趋于多元化。城市规划内容综合性强，其编制、审批、实施涉及各方面的管理工作和方方面面的利益关系，如何调整相关方面的权利和义务，必须通过法制手段。反映在城市规划和规划管理上，传统的以指令性计划为主要特征的规划行政已难以适应，城市规划走上法制轨道已是历史必然。有鉴于此，在"十年动乱"之后的1980年，国务院在批准转发的《全国城市规划工作会议纪要》中总结了城市规划的历史经验，批判了不要城市规划和忽视城市建设的错误，端正了城市规划思想，明确提出"要尽快建立我国的城市规划法制，改变只有人治，没有法治的局面"；也第一次提出"城市市长的主要职责，是把城市规划、建设和管理好"。因此，完善城市规划法规体系是十分必要的。

（二）城市规划的制定与实施必须坚持依法行政

1997年，中共十五大提出"依法治国"的方略并载入《中华人民共和国宪法》。依法治国体现在国家管理各个方面。城市规划依法行政，就是使城市规划的编制、审批、实施的全过程都纳入法制的轨道，并使其不以领导人的改变而改变，不以领导的注意力的改变而改变，从而确保城市总体规划目标的实现。这是依法治市在城市规划管理上的具体体现，也是依法治市对城市规划管理工作提出的基本要求。

（三）提高全社会城市规划法律意识

增强城市规划的法律地位，首先应该提高各级领导、各级有关部门以至全社会对城市规划地位和作用的认识，对维护城市规划法律地位的认识。城市政府首长应认识到编制、审批和实施城市规划是城市政府的重要职责。城市规划是城市建设和发展的整体利益、长远利益的体现，是政府意志的体现。城市规划一经按照法定程序批准，就具有法律效力，应该成为全社会的行动纲领。各有关管理部门有义务实施城市规划。各项建设必须符合城市规划，服从规划管理。全体市民有义务遵守城市规划，并有权利监督城市规划的实施，对违反城市规划的行为有权举报。

## 二、城市规划法制化的意义

（一）维护城市发展和建设的整体利益和长远利益

城市规划的实施依赖于建设的发展，在社会主义市场经济条件下，我国城市建设存在着公有经济、集体经济和私人经济等不同投资主体，存在着国内的投资主体和境外的投资主体。在这个经济关系内部，个人与社会，集体与社会，部门与部门之间，以及公有制的不同层次之间，地方与中央，下级与上级之间等，都会存在利益差异性，有时甚至有较大的利益冲突性。各个建设项目投资主体各自追求自己最佳效益目标，并不一定会导致城市社会整体和长远发展的最佳效果，因此，必须规范各项建设行为。规范建设行为必须以法律为依据，这样，才能正确处理好局部利益与整体利益，近期建设与长远发展，经济发展和生态环境的关系，真正做到经济效益、社会效益和环境效益相统一，切实保障城市发展和建设的整体利益和长远利益。

（二）保护公民、法人和社会团体的合法权益

在社会主义市场经济条件下，国家承认和保护公民的合法财产权利，国家承认和保护企业法人的合法经营行为，包括房地产业开发在内的企业经济活动，个人购买、持有商品房在内的消费和投资行为。土地的使用和各类建设活动都涉及到相关方面的合法权益。例如易燃、易爆建设项目的用地选址建设是否影响到周围居民生命和财产的安全；房地产开发是否影响到相邻居民的日照和通风等。必须对土地的使用和各项建设活动加以规范，避免侵犯相关方面的合法权益。市场经济是法制经济。市场经济条件下的城市建设活动也必须通过法律、法规加以规范。保障公民、法人和社会团体的合法权益。

（三）规范各级政府组织编制、审批、实施城市规划的权利和义务

我国城市规划编制体系，要体现城市发展的规律，要适应经济、社会和环境建设发展的需要。城市规划要通过各级政府组织编制、审批和实施。为了保证城市规划工作有序的运作，必须规范各级政府城市规划工作的权利和义务，使各级政府可以遵循法律的规定，运用法律手段科学合理地制定城市规划，并稳定、连续、有效地实施城市规划，从而推动我国经济和社会的协调发展。

（四）推进城市规划工作的民主化和科学化

通过立法，赋予公众一定的城市规划知情权、参与权以及对各种行政行为的复议、诉讼、行政赔偿等权利，保障公众适当参与城市规划的编制和对行政管理机关各种行政行为的监督，从而推进城市规划工作的民主化和科学化，促进公众知法、守法和支持城市规划工作。

### 三、我国现行城市规划法规体系

（一）我国现行城市规划法规体系构成

城市规划法规体系主要是指城市规划法律规范性文件的构成方式，可分为纵向体系和横向体系两大类。

1. 纵向体系

城市规划法规的纵向体系，是以国家《城市规划法》为核心，包括法

律、行政法规、地方性法规。国务院部门规章和地方政府规章。其特点是各个层面的法规文件构成与国家各个层级组织的构成相吻合。我国的人民代表大会制度和政府的层面主要分为三个层次：即国家、省（自治区、直辖市）、市（县）；纵向法规体系相应地由全国人大制定的法律、国务院制定的行政法规和国务院各部门制定的部门规章；省、直辖市、自治区人大制定的地方性法规和同级政府制定的政府规章；较大市制定经省级人大批准的地方性法规及其制定的地方政府规章组成。纵向法规体系构成的原则，是下一层次制定的法规文件必须符合上一层次法律、法规，不允许违背上一层次法律、法规的精神和原则。如国务院制定的行政法规必须符合国家人大制定的法律；地方性法规文件必须符合国家人大和国务院制定的法律、法规。

2．横向体系

城市规划法规的横向体系，是由基本法（主干法）、配套法（辅助法）和相关法组成。基本法是《城市规划法》，具有纲领性和原则性的特征，但不可能对各个实施细节做出具体规定，因而需要有相应的配套法来阐明基本法的有关条款的实施细则。相关法是指城市规划领域之外，与城市规划密切相关的法规。

我国现行的城市规划法规体系框架见表 3-5-1。

我国现行城市规划法规体系框架　　　　表 3-5-1

| 分类 | | 内容 | 法律 | 行政法规 | 部门规章 | 技术标准及技术规范 |
|---|---|---|---|---|---|---|
| 城市规划管理 | 城市规划管理 | 综合 | 中华人民共和国城市规划法 | | | 城市规划基本术语、建筑气候区划、标准城市用地分类与规划建设用地标准、城市用地分类代码 |
| | 村镇规划建设管理 | 综合 | | 村庄和集镇规划建设管理条例 | 村镇建筑工匠从业资格管理办法 | |
| | 城市规划编制审批管理 | 城市规划编制与审批 | | | 城市规划编制办法、城镇体系规划编制审批办法、建制镇规划建设管理办法 | 城市规划编制办法实施细则、城市总体规划审查工作规划、省域城镇体系规划审查办法、村镇规划编制办法、历史文化名城保护规划编制要求、城市居住区规划设计规范、村镇规划标准 |

续表

| 分类 | 内容 | 法律 | 行政法规 | 部门规章 | 技术标准及技术规范 |
|---|---|---|---|---|---|
| 城市规划实施管理 | 土地使用 | | | 城市国有土地使用权出让转让规划管理办法、城市地下空间开发利用管理规定 | |
| | 公共设施 | | | 停车场建设和管理暂行规定 | 停车场规划设计规则（试行） |
| | 市政工程 | | | 关于城市绿化规划建设指标的规定 | 城市道路交通规划设计规范、城市工程管线综合规划规范、城市防洪工程设计规范、城市给水工程规划规范、城市电力规划规范 |
| | 特定地区 | | | 开发区规划管理办法 | |
| 城市规划实施监督检查管理 | 行政监察与档案 | | | 城建监察规定城市建设档案管理规定 | |
| 城市规划行业管理 | 规划编制单位资格 | | | 城市规划编制单位资格管理规定 | 城市规划设计收费标准（试行）、城市规划设计收费标准说明 |
| | 规划师执业资格 | | | 注册城市规划师执业资格制度暂行规定、注册城市规划师执业资格认定办法 | |

(二) 我国现行城市规划主要法律规范文件

1. 《中华人民共和国城市规划法》(简称《城市规划法》)

(1) 制定《城市规划法》的背景和重要意义。《城市规划法》是在1979年由国家建委和国家城建总局开始起草的。1980年,国务院在批转全国城市规划工作会议纪要中明确指出"为了彻底改变多年来形成的只有人治,没有法制的局面,国家有必要制定专门的法律,来保证城市规划稳定地、连续地、有效地实施"。1982年,城乡建设环境保护部将《城市规划法》(送审稿)报送国务院审查。但鉴于当时城市各项改革工作刚刚起步,一些重要的经济关系和管理体制有待通过实践进一步理顺,1983年11月经国务院常委会议讨论,决定先以行政法规形式付诸实施。1984年1月5日,国务院颁布了《城市规划条例》,它是我国城市规划工作开始纳入法制轨道的重要标志。随着改革、开放的深入发展,1986年5月,六届全国人大四次会议的代表提出尽快制定《城市规划法》的议案,并迅速纳入全国人大和国务院的立法计划。1989年10月13日国务院常务会议通过了《城市规划法》(送审稿)并报全国人大,1989年12月26日,七届全国人大常委会第一次会议通过《城市规划法》并正式颁布,并于1990年4月1日起正式施行。它是我国城市规划领域第一部国家法律,科学地总结了我国四十年来城市规划和建设正反两方面的经验,并吸取了国外城市规划的先进经验。它的颁布实施是我国城市规划法制建设上的一座里程碑。

《城市规划法》的实施,使各级政府可以依靠法律的权威,运用法律的手段,保证科学、合理地制定城市规划,稳定、连续、有效地实施城市规划,从而推动我国经济和社会的协调发展。它既是我国各级政府和城市规划行政主管部门工作的法律依据,也是人们在城市建设活动中必须遵守的行为准则。它的颁布实施,必将有力地推动我国城市规划和建设事业在法制的轨道上健康发展。

(2) 《城市规划法》的基本框架和主要内容

第一章　总则

主要阐明了立法的目的和本法的适用范围;规定了有关城市规划、建设和发展的基本方针;明确了国家和地方的规划管理体制与外部关系的协调。

第二章　城市规划的制定

主要明确了各级人民政府组织编制城镇体系规划、城市规划和城市详细规划的职责;阐明了编制城市规划应当遵循的基本原则和主要内容;规定了审批和调整城市规划的程序。

第三章　城市新区开发和旧区改建

主要阐明在实施城市规划过程中,新区开发和旧区改建应当遵循的基本原则以及建设项目选址、定点和各项建设合理布局的基本要求。

第四章 城市规划的实施

主要确立了城市规划行政主管部门对城市规划区内土地使用和各项建设实行统一的规划管理的基本原则；明确实行"一书两证"制度；规定了对各项建设工程从可行性研究、选址定点、设计审查、放线验线、竣工验收全过程进行规划管理的基本内容和程序。

第五章 法律责任

阐明了违反本法规定的单位和个人应承担的法律责任；对违法占地和违法建设的处理以及对有关当事人员的处罚规定，执行行政处罚的法律程序；同时对城市规划行政主管部门工作人员渎职行为的处罚也做出了法律规定。

第六章 附则

阐明了国务院城市规划主管部门和省、自治区、直辖市人大常委会为贯彻执行《城市规划法》可以制定实施条例和实施办法，并规定了本法于1990年4月1日开始施行。

《城市规划法》实施至今已有十余年，随着我国改革开放的不断深入，社会主义市场经济体制的逐步完善，城镇化进程加快，城市规划、建设活动中社会关系日益复杂，现行的《城市规划法》还存在着许多不适应的问题，为此，国家建设部正组织修改。

2. 《城市规划法》配套法规、规章

为了更好地贯彻执行《城市规划法》，在城市规划的编制、审批和实施方面，由国务院及其相关部委出台了一系列配套法规、规章，其中主要的有：《村庄和集镇规划建设管理条例》、《城市规划编制办法》、《城镇体系规划编制审批办法》、《建制镇规划建设管理办法》、《城市国有土地使用权出让转让规划管理办法》、《开发区规划管理办法》等。

《城市规划编制办法》和《城镇体系规划编制审批办法》分别规范城市和城镇体系的规划编制和审批活动。

《建制镇规划建设管理办法》和《村庄和集镇规划建设管理条例》分别规范建制镇和村庄、集镇的规划编制、审批以及建设活动的管理等。

《城市国有土地使用权出让转让规划管理办法》。由建设部于1992年12月制订，并于1993年1月1日起施行。该办法规定，城市规划行政主管部门和有关部门要根据城市规划实施的步骤和要求，编制城市国有土地使用权出让规划和计划，包括地块数量、用地面积、地块位置、出让步骤等，保证城市国有土地使用权的出让有规划、有步骤、有计划地进行，使城市土地出让的投放量与城市土地资源、经济社会发展和市场需求相适应。该办法还具体规定了城市国有土地使用权出让的规划控制要求。

《开发区规划管理办法》是针对某些地方盲目设立开发区，一些开发区的设置严重违背城市规划，造成城市布局不合理和土地使用的严重浪费的情况而制订的规划管理办法。这办法明确规定"开发区规划应当纳入城市总体规划，并依法实施规划管理"。开发区的规划管理工作由当地城市规划行政主管部门负责，开发区的立项和选址均须有城市规划行政主管部门参加，并核发选址意见书。开发区总体规划必须报省、自治区、直辖市、人民政府审批。开发区的土地利用和各项建设必须符合规划，服从城市规划行政主管部门的统一管理等。

3. 城市规划技术标准与技术规范

城市规划技术规范可分成两级：第一级是国家规范；第二级是地方规范。本处主要介绍国家规范。这一类规范大多由国家建设部组织编制，主要分为三类：

（1）综合类基本规范，如《城市规划基本术语》、《城市用地分类与规划建设用地标准》、《城市用地分类代码》、《建筑气候区划标准》等。

（2）城市规划编制规范，如《城市规划编制办法实施细则》、《历史文化名城保护规划编制要求》、《城市居住区规划设计标准》、《村镇规划标准》等。

（3）城市规划各专业规划设计规范，如《城市道路交通规划设计规范》、《城市工程管线综合规划规范》、《停车场规划设计规则》以及城市防洪、供水、电力等各规划设计规范。

4. 城市规划相关法律规范文件

城市规划管理涉及政治、经济、文化和社会生活等广泛领域，如建设用地规划管理与土地的行政管理相衔接；历史文化遗产保护的规划管理涉及文物保护管理；城市各项建设与环境保护管理息息相关等。因此，城市规划工作所涉及的相关法规也十分广泛。主要有：《土地管理法》、《文物保护法》、《环境保护法》、《房地产管理法》、《水法》、《军事设施保护法》、《人民防空法》、《广告法》、《建筑法》、《公路法》、《城市道路管理条例》、《基本农田保护条例》、《城市绿化条例》和《风景名胜区管理暂行条例》等。此外不一一介绍，详见表3-5-2。

我国现行城市规划相关法律规范文件  表 3-5-2

| 内容 | 法律 | 行政法规 | 部门规章 |
|---|---|---|---|
| 土地及自然资源 | 土地管理法<br>环境保护法<br>水法<br>森林法<br>矿产资源法 | 土地管理法实施条例<br>建设项目环境保护管理条例<br>风景名胜区管理暂行条例<br>基本农田保护条例<br>自然保护区条例<br>城镇国有土地使用权出让和转让暂行条例<br>外商投资开发经营成片土地暂行管理办法 | 风景名胜区建设管理规定 |
| 历史文化遗产保护管理 | 文物保护法 | | 文物保护法实施细则 |
| 市政建设与管理 | 公路法<br>广告法 | 城市供水条例<br>城市道路管理条例<br>城市绿化条例<br>城市市容和环境卫生管理条例 | 城市生活垃圾管理办法<br>城市燃气管理办法<br>城市排水许可管理办法<br>城市地下水开发利用保护规定 |
| 工程建设与建筑业管理 | 建筑法<br>标准化法 | 建设工程勘察设计合同条例<br>中外合作设计工程项目暂行规定<br>注册建筑师条例 | 建筑设计规范<br>建筑设计防火规范<br>工程建设标准化管理规定 |
| 房地产业管理 | 房地产管理法 | 城市房地产开发经营管理条例<br>城市房屋拆迁管理条例<br>城镇个人建造住宅管理办法 | 城市新建住宅小区管理办法 |
| 防灾管理 | 人民防空法<br>地震法<br>消防法 | | |
| 保密管理 | 军事设施保护法<br>保守国家秘密法 | | |
| 行政执法法制监督 | 行政复议法<br>行政诉讼法<br>行政处罚法<br>国家赔偿法 | 国家公务员暂行条例 | |

# 第四章 城市规划的决策

城市规划的决策，是指城市规划制定和实施过程中对相关问题的决策。本章主要介绍城市规划决策的一般知识，城市规划宏观决策的主要内容，城市规划决策与城市政府行政，以及如何提高城市规划决策水平。

## 第一节 城市规划决策概述

### 一、决策的概念

人们一般认为决策就是决定。随着管理科学在20世纪30年代的兴起，管理学者开始对决策进行科学的研究，并提出了有关决策的一般理论和规则，用以指导决策活动。美国学者赫伯特·西蒙认为，管理就是决策。《现代科学辞典》上说，决策就是从几个可能的方案中做出选择。一般来讲，不宜从静态意义上把决策仅仅看做是一种决定，而应把它看做是一个动态的过程，看做是从提出问题、收集信息、分析问题、制订解决方案、优选方案的一个完整的过程。

### 二、城市规划决策的性质

城市规划是城市政府的重要职能，城市规划制定和实施中有关问题的决策是政府的一种行政行为，是一种行政决策。城市规划的地位和作用决定了城市规划的决策正确与否直接关系到能否科学地确定城市发展目标和发展方向，合理配置和高效利用城市土地和各项资源，促进城市的合理布局和各项建设的有序进行；能否妥善处理市场经济条件下，表现于城市规划建设中的各方面的利益关系，保障城市全局和社会公众利益，从而促进城市经济、社会、环境的协调和可持续发展，实现城市综合效益最大化。城市的领导者，主要担负城市规划方面重大问题的决策，对城市发展尤其具有重大影响。

城市规划的决策是一种行政决策，而城市规划本身又是一门综合性的科学。因此，城市规划的决策除具有一般行政决策的共性，还具有城市规划学科的特点。城市规划决策一般具有以下性质：

（一）层次性

城市是一个复杂的巨大系统。根据系统学的原理，任何系统都可以分成不同的层次。就城市规划系统而言，也可以分解为不同的决策层次。根据决策的内容及其复杂程度和影响范围的不同，可分为宏观决策、中观决策和微观决策：

1. 宏观层次的决策

宏观层次的决策主要涉及到城市发展目标和发展战略的确定，城市总体规划编制中涉及城市性质、规模、发展方向和总体布局等重大问题的确定，城市规划相关重大政策和法规的制定，城市规划实施的组织和重大建设项目的审定。这些都是关系到城市未来发展的战略性内容。

2. 中观层次的决策

中观层次的决策包括，城市社会、经济结构与空间布局相互关系的确立，城市空间结构的组织与完善，城市交通设施和基础设施的基本架构，以及城市中各片区发展的方向与组织，以及分区规划与详细规划的审定等。

3. 微观层次的决策

城市规划实施管理的日常工作及其决策，涉及到局部地段和具体建设项目的规划决策。

管理的职能划分是保证管理效率和质量的基础，同样，就决策而言，不同层次的决策分工也是保证管理效率和质量的关键。决策是管理的核心，多层次的组织结构就是为了保障这样一种管理职能的划分。在一般情况下，处在一定层次上的管理者应承担本层次的决策工作，而跨越层次的决策可能会带来工作上的紊乱。如果上层次的管理者来作下层次的决策，由于管理者所掌握的信息不同，所作决策的依据就会有偏差，就有可能出现在上层次看来合理的决策，而在下层次看来存在着不可行的因素，难以操作。

（二）综合性（相关性）

组成城市这样一个巨系统的要素众多，而且相互之间的关系极为复杂，由于城市规划的综合性，城市规划决策在本质上是综合的，相关内容是相互交织在一起的，即使是最具体的项目决策，也同城市发展的战略，城市政府的政策等直接相关，与该项目周边的具体情况直接相关。因此，城市规划必须综合考虑各种相关因素，并研究各种因素的相互作用及其产生的后果，正确进行决策。

（三）连续性

从一般意义上讲，决策是一个动态的过程。城市规划决策的连续性，则是由于城市规划从编制、审批到实施是一个动态的过程所决定的。例如对土地的使用问题，在城市规划编制阶段提出建设用地布局方案，在提出方案的过程中，涉及到用地的选择、规模，需要做出决策。城市规划的审批本身就是重要决策。在城市规划实施阶段，建设项目的安排又涉及与用地相关的一系列问题，这也是决策。城市规划实施过程中的决策，必须以经批准的城市规划为依据。城市规划实施过程中的决策，是城市规划编制和审批决策的具体化、优化和完善，而不能推翻前者的决策。因为后者的决策侧重于建设项目的安排，是战术性的；而前者的决策则侧重于城市建设的协调和可持续发展，是战略性的。

（四）政策性

城市规划是一项政策性很强的工作。城市是经济社会发展的主要载体，党和国家有关经济社会发展的战略和政策，都会对城市建设和发展产生影响。城市规划要在区域和城市空间上对经济社会发展和各项建设做出部署和安排，势必涉及各行各业、各个方面的有关政策。在市场经济条件下，城市规划要综合协调多元化的利益主体的关系，寻求经济、社会和环境的相互适应和统一，保障城市整体和社会公众利益。所有这一切，决定了城市规划是一项政策性很强的工作。进行城市规划的决策，必须强化政策意识，切实贯彻党和政府的方针和有关政策。例如，上海作为全国的经济中心和最大城市，各个历史时期的城市建设都与国家的政策密切相关。20世纪50年代，根据当时毛主席对"十大关系"的论述，上海市采取"充分利用、合理发展"的方针，充分利用原有工业基础，挖掘潜力，进行技术改造，促进经济发展；在50年代后期，又适时地在市区周围建设卫星城，拓展发展空间。改革开放以来，为抓住20世纪最后阶段的发展机遇，根据党中央和国务院提出的"以上海浦东开发、开放为龙头，进一步开放长江沿岸城市，尽快把上海建成国际经济、金融、贸易中心之一，带动长江三角洲和整个长江三流域地区经济新飞跃"的战略部署，及时制定浦东新区规划，修订上海市的总体规划，在城市规划的指导下，迎来了上海城市建设和发展的新飞跃。

（五）技术性

城市规划是一门科学，具有自身完整的科学体系。在城市规划决策的过程中，既应遵循行政决策的原则，同时还要综合运用有关科学技术，如土地使用的配置、道路交通网络、市政设施安排、建筑空间组织与环境评价等等，都具有很强的学科特征，必须尊重相关的科学规律，这也是决策成败的基础。

## 第二节 城市规划宏观决策的主要内容

城市规划的宏观决策对城市建设和发展影响很大，需要高层次的决策。城市规划的宏观决策内容很多，本节介绍其主要的决策内容。

### 一、城市发展目标

目标是一切工作努力的方向和评价工作的依据，在制定战略、规划，作出决策之前必须明确目标。目标是指规划、决策、工作等努力的方向和要求达到的目的。城市发展目标是指城市性质、规模、经济发展指标，以及城市现代化水平，如产业结构优化和现代化水准、城市基础设施和公共设施服务水平等。城市发展目标是城市中所有机构、部门、单位和个人行动的依据，具有统摄城市中所有决策活动的作用。要把这些不同类型、不同性质、不同层次的决策相互协同起来并统一到与城市发展目标相一致的方向上，以免产生相互对抗并带来各自利益和整体利益的消耗。为此，要求制定城市发展目标必须特别注意把握可行性和阶段性的原则。

（一）可行性原则

把握可行性原则，即要求所制定的城市发展目标，必须符合城市建设和发展的客观规律，从城市的实际情况出发。在制定城市发展目标时，必须对城市发展的现状情况、优势条件、制约因素等进行全面分析，对提出的目标进行充分的、科学的论证，使所制定的目标经过努力有可能达到，而不能仅凭主观愿望，从个别领导人的喜好或臆想出发。这方面我们已有深刻的经验教训，必须记取。但是，前几年有些城市盲目估计形势，提出了一些不切实际的城市发展目标，相互攀比，一哄而起，甚至有些还不具备条件的城市，提出要建设成为国际中心城市或世界城市。这显然是缺乏对国际中心城市或世界城市的认识，也缺少对本城市发展条件的具体分析和对发展目标的充分论证而提出来的。在这样的目标引导下，出现了城市建设的过热现象，盲目扩大城市规模，由此造成了土地资源极大浪费，房地产积压和城市布局混乱等后果。

决策的正确与否，关键在于发展目标能否实现。这就要求决策时对实施目标的现实条件要有充分的认知，并落实实现目标的有效保障措施。认知，包括了为实现发展目标应先做什么、后做什么；已经具备了怎样的条件，还需要什么条件，这些条件如何去创造；实现目标的具体措施在经济上是否合理，是否有不良的后遗症，如有，则如何克服等。同时，决策者还需要考虑在特定的行政资源条件下，实现发展目标的这些措施能否得到全面推进，其中包括由哪个部门来负责，权限范围怎样；需要哪些部门来配合，他们能做到什么程度；出现问题时由谁来协调，在整个过程由谁来监督；这样的实施组织是否与既有的行政框架相一致，如不一致，有无能力或办法来进行协调等。

（二）阶段性原则

城市发展目标是有层次性的，是可以分解的，是可以分阶段实现的。作为宏观层次所确立的城市发展目标，要付诸实施就需要将这些目标分解为近期目标、中期目标和远期目标，特别要重视实现近期目标的操作机制。要把近期目标分解到具体可操作的层次，由城市政府的各部门、各层级去完成。

作为宏观决策者需要把握的，一是这些经分解的目标能得到切实的实现；二是各子目标必须覆盖达总目标的所有必需条件，而不能有所遗漏；各子目标之间具有比较好的衔接和协调关系。

## 二、城市发展战略

### （一）城市发展战略的概念与内涵

"战略"一词源自于希腊语中的"strategica"，原指"将军的艺术"或"指挥的才干"。很长时期内，战略都作为一种军事术语使用，特指对于战争全局的筹划和指导。第二次世界大战后，战略研究被引申到经济领域，1958年美国经济学家赫希曼的著作《经济发展战略》出版后，发展战略研究逐步流行并推广到城市管理等各个方面，并出现了战略规划等。发展战略是针对全局来说的，它对未来发展起决定的作用。城市发展战略是实现城市发展目标的整体部署，它包括了城市以及它所辐射范围的区域，在一个相当长的时间内发展对策的总体谋划。发展战略是原则性的、纲领性的表述，要把它付诸实施，必须有规划和计划。这样，才能使城市发展战略落到实处，同时，又可以根据规划评估和实施评估等反馈信息，对战略的可行性作进一步的研究和修正。

城市发展战略应包括战略制定的指导思想，城市发展的社会经济背景分析，实现城市发展总体目标与阶段目标的战略部署，有关保障性政策和具体措施等。城市发展是一项复杂的系统工程，尽管城市千差万别，但是，它们的战略系统具有共性。城市发展战略主要由经济、社会、生态、文化、科技、投资等多个子系统构成。其中经济发展战略是基础，社会发展战略体现经济发展的目的，也是保证经济顺利发展的条件，生态环境发展战略是经济、社会发展战略在城市空间上的体现。城市文化、科技发展战略和基础设施等发展战略又是城市现代化的重要内容和保证条件，两者具有投入与产出的关系，而投入是决定产出的，各个战略子系统浑然一体，又互相制约，缺一不可。

### （二）城市发展战略的重点

城市发展战略是实现城市发展目标的途径和方法，因此，在制定发展战略时，要特别关注战略重点。战略重点是指对城市发展具有全局性的纲举目张意义的核心内容和解决关键性问题的行动方案。城市发展的战略重点，通常有以下几方面：

1. 经济竞争中的优势领域

市场经济的特征就是优胜劣汰。城市规划的制定和实施要提高城市的综合竞争能力。客观的竞争规律要求必须把城市的优势作为战略重点。优势的存在是相比较而言的，是本城市相对于其他城市而体现的。因此，在制定发展战略时必须全面分析研究本城市、本区域，比较其他城市、区域的发展优势，从比较研究中确立本城市未来发展的重点内容，扬长避短，并通过优势的发展，带动城市各行各业的整体发展。

2．经济发展的基础性建设

城市的建设和发展都需要有一定的条件，那些决定城市发展目标实现的关键性条件应该是发展战略的重点。就整个城市的发展而言，科技是第一生产力，能源是工业发展和社会经济发展的基础，教育是提高劳动力素质和培养人才的基础，交通是经济运转和流通的基础，土地使用则是人类一切经济、社会活动得以实现的基础，因此，科技、能源、教育、交通等方面的土地使用及其布局通常是城市发展的战略重点。

3．城市发展中的薄弱环节

在城市发展中，各个环节是有机联系、互相制约的，如果某一个部门或某一个环节上出现问题将影响整个战略的实现。因此，在制定发展战略时，必须对战略实施过程和措施进行分析，抓住影响到发展战略实现的薄弱环节，将其提高到战略重点予以关注，确定具体的解决方略和重点措施，以保障发展战略整体的实现。

4．结构转型时期的关键问题

城市的发展是有阶段性的，不同的发展阶段有不同的战略重点。因此，要全面研究城市发展的条件与特点，根据城市建设和发展的规律，制定适应于城市发展不同阶段的战略重点。战略重点的不同往往会导致城市整体结构的变化。这就要求从基本政策、产业结构调整、空间布局的改变、空间开发的顺序等方面处理好发展阶段的关键性问题。

### 三、城市规划地方性法律规范和方针政策的决策

制定城市规划地方性法律规范和方针政策，是城市政府的重要行政行为，在社会主义市场经济体制下，尤其重要。城市规划的法律规范和方针政策，是规范城市建设和管理、指导城市建设和发展的两个侧面，前者侧重于强制性，后者侧重于指导性，两者不可偏废。

(一) 加强城市规划法制建设

法制是城市社会各要素相互作用的基础，只有从法制的角度，为城市规划实施提供保障，才能从根本上消除影响城市规划实施的不利因素，强化城市规划对社会各要素的协调。在市场经济条件下，城市规划的实施需要法制保障。城市空间关系是社会、经济关系变化的结果。只有通过对城市整体社会、经济关系的法律调整，才能真正形成预期的空间关系。

城市规划的实施涉及各类建设，涉及到相关的管理部门，涉及方方面面的利益关系，需要通过有关法律规范调整各类建设的关系，调整各有关管理

部门的关系，调整有关方面的利益关系，保障城市建设和发展的整体利益、长远利益，维护相关方面的合法权益，促进城市按城市规划预期的目标发展。

城市规划的法制建设主要是通过立法手段，确立城市规划的法律地位，并通过立法手段，建立起以城市总体规划实施为核心的城市建设和管理的法规体系，使得城市建设都能够围绕城市规划的实施而展开。制定城市规划地方性法律规范，除了制定为贯彻上位法而制定的实施性地方法律规范外，还要根据城市规划工作特点，重视制定城市规划技术性法律规范，包括强制性内容和指导性内容两个方面，使城市规划的制定和实施进一步纳入法制化的轨道。同时，还要通过司法的手段，维护城市规划的法律地位和城市规划在决策过程中的权威地位，确保城市规划对各项城市建设活动的控制，保证城市规划的全面实现。

(二) 制定实施城市规划的相关政策

城市规划的实施是全方位的，涉及到经济、社会和环境建设的各个方面；其实施又是一个长期的动态过程，规划的实施必须与一定时期的经济、社会发展水平相适应。实践证明，仅仅依靠反映城市发展终极状态的图纸来规范城市建设活动，由于缺少对实施内容和过程的关注，是难以达到预期目标的。必须通过城市发展不同阶段的政策引导，一步一步地去实现城市规划目标。这既是城市规划工作改革的重点所在，也是城市政府促进城市规划实施的重要行政措施。

1. 城市规划实施政策

城市规划的实施政策是为了实现城市规划而制定的相关政策。这些政策一部分由城市规划的内容直接转换而成，另一部分政策是为了保证城市规划的实施而制定的，其目的是使依据规划所确立的政策在城市各类公共部门、机构和经济实体的发展中得到体现。政府凭借为保证规划实施而确立的政策手段，对城市政府各部门、机构和经济实体的行为进行引导和控制，引导其在规划所确立的方向上发展，控制其任何有可能逾越规划允许的行动。

2. 城市各组成要素的发展政策及其之间的关系

构成城市系统的任何要素的变化都会导致城市整体的演变。同样，与这些要素发展相关的各类政策，也对城市整体的发展产生影响，甚至成为决定城市发展的重要因素。城市规划的内容实际上已经涵盖了城市发展的所有方面，它们互相交织在一起，因此，城市其他各项政策应当与城市规划的基本内容相互衔接和协调，应当"聚焦"在城市规划所确立的城市发展目标上，城市各方面的未来发展必须纳入到城市规划所确立的基本框架之中，这应当是城市政府政策框架的核心。所有关于城市建设和发展的政策应当是一个完整的系统,应当与城市政府所有其他政策相互匹配、相互促进。城市规划只有与城市政策的各个方面相结合,才能真正实现新的城市空间关系。如果各部门、行业政策之间不相协同,就会对城市整体的发展带来混乱。

### 四、城市土地开发和重大建设项目的审定

城市成片土地开发,开发区的设置和重大项目建设对城市发展战略和布局具有重大影响,需要由城市政府及其首长来进行决策。决策的内容,涉及到建设的立项、选址和方案的审定三个方面。在决策时,特别需要注意以下两点:

(一)土地开发和建设项目的安排应当与城市规划的要求相符合

城市建设的复杂性在于,任何建设都会导致相关建设和相关地区的建设条件的变化,最终导致对后续的建设和周围地区的进一步发展的影响。例如,按城市规划建设的办公楼,周边的各项配套也都是按照办公楼设施来进行的,一旦在建设过程中由于市场等原因而改变为住宅使用,就会出现种种问题,如幼儿园、托儿所、小学、菜市场等配套设施不足,甚至缺乏,市政公用设施的容量也发生了变化。同样,如果将规划的住宅改建为办公楼则也会发生问题,诸如幼儿园、托儿所、小学等的配套容量过剩,办公楼的汽车交通对居住区产生干扰等问题。而如果将居住、办公等用地改为工业、仓储等所带来的问题就更为严重。所以,在重大建设的决策中,一定要保证建设项目的使用性质与规划的使用性质相一致。同时,决策时还要考虑到开发强度与城市规划的要求相契合,否则,就会出现与规划的基础设施、公共设施等的容量不相匹配,为日后的使用带来诸多麻烦。例如,在居住区建设中提高开发强度,就会对中小学、幼托、公共建筑及市政公用设施的配套带来困难,即使可以调整规划,有时也会带来经济合理性的问题。如开发强度提高带来了更多的人口,就需要增加学校,增加学校就需要有土地进行安排,能否获得符合学校布置要求的用地就成为一个问题。

(二)土地开发和建设项目应注意合理的建设时序

土地开发和建设项目要按照城市规划的要求进行决策,并非是规划所规定的用地都可以随时随意地使用。因为,城市建设的展开并非是一个全面铺开的过程,而是一个循序渐进的、逐步展开的过程,对城市建设的安排也应当有一个时序的控制。过去,在规划实施过程中,很少考虑时序的因素,往往来了项目后,按照规划的功能区在城市总体规划的范围内到处选址,结果出现了很多遍地开花式的、飞地式的开发建设。由于建设项目不能紧凑安排,打乱了农田水利系统;由于建设项目的分散建设,基础设施的配套极不经济,与城市的基础设施网络不相协同,对今后的系统化带来困难,对城市运作的经济性、生活设施的完善以及城市发展的整体性等方面都产生较多问

题。确定开发建设的时序，与城市不同时期的建设重点有关。应当围绕重点建设项目集中建设一些地区，使这些项目能形成规模效益，做到开发一片，就要建成一片，收益一片，然后再建一片。只有集中的、成片的建设才能保证在较短的时期内出效果、出形象。因此，在建设项目的选址中，应当紧紧围绕着集中开发建设的地区进行，保证城市建设的有序性。这种有序性也体现在任何建设都应当是配套建设，不能由于缺少配套设施影响建设项目的正常运营或达不到最佳效益。

### 五、组织制定和实施城市规划中的其他决策问题

组织制定和实施城市规划是城市政府的主要职责。在制定和实施城市规划过程中会存在若干问题，一般性的问题由城市规划行政主管部门协调、解决；重大问题则需要由政府出面协调、决策。择其要者如下：

（一）组织制定城市规划方面的决策问题

1. 城市规划与相关规划的关系

城市规划内容综合性强，涉及到与相关规划的关系，例如土地利用总体规划、各专业发展规划等，当存在重大矛盾时，需要由政府出面协调、决策。

2. 城市规划制定中有关政策性问题

例如产业发展政策，土地利用政策等。

3. 城市规划的审批

法律授权由城市政府审批的城市规划，或是依法规定需要报上级政府审批的城市规划，均需要城市政府审批或审核同意。这是一种重大决策，在审批时要注意与上一层次规划相协调，不能存在矛盾。

（二）组织实施城市规划方面的决策问题

1. 解决好城市规划实施的管理体制

体制是由机构的设置，职权的划分，人员的配置，工作机制的运用等构成的综合体系。它是实施城市规划的组织保障。在过去相当长的一个时期内，城市规划管理体制不健全是影响城市规划工作的一个重要因素。例如，规划管理机构设置问题。目前，全国按行政建制设市的城市中，有相当一部分还没有能够有效履行法定城市规划管理职能的机构，规划管理机构和职能尚待健全。根据我国城镇化发展战略，很多地方的小城镇将会有较大的发展，这些重点发展的镇、乡人民政府需要配备一定的规划管理人员，进一步健全我国的城市规划行政管理网络。要搞好城市规划工作，城市政府必须重视城市规划管理体制问题，健全城市规划管理机构的设置，并赋予其与城市规划工作特点相适应的综合管理职能，保证其符合业务工作需要的技术管理人员，加强规划管理，并为城市政府规划决策发挥参谋、咨询作用。另外，

还需要完善城市规划实施的运行机制，协调好规划管理与其他城市管理的关系，组织政府部门之间的协同管理，促进城市规划的实施，加强对城市规划实施的监督等。

2. 保障城市规划实施的财政安排

城市规划的实施是通过城市各项建设来实现的。这些建设项目，有些公益性的建设主要依靠政府投资，如文化、教育、体育、卫生等设施；有些则是依靠市场运作，通过房地产开发进行建设的。即使后者，为保证按照城市规划实施建设，往往也需城市政府的先期投入。例如，城市道路的拓展、建设，会促进道路两侧的房地产开发，而城市道路建设一般要由政府投资。因此，城市政府要对城市规划所确定的各类建设统筹安排，纳入到经济、社会发展计划、年度建设计划以及其他的相关计划中，如土地供应计划、市政公用设施发展计划等。这些计划的制定必须要与城市总体规划中的近期建设规划相结合，根据经济、社会发展需要，合理确定各类建设的时序和规模，并组织好各项建设特别是重大建设项目的资金保障工作。除政府财政上做出必要安排外，要充分运用市场机制，多方筹集资金，使城市规划所确定的目标及其相关建设得以具体落实。

3. 城市规划实施管理依据的法制化

城市规划实施管理的基本依据是城市规划，尤其是城市控制性详细规划。如何提高指导管理操作的控制性详细规划的法律地位，特别是强化土地使用的规划控制的法律效力，是改进城市规划管理的方向，也是城市政府应该研究解决的问题。只有这样，才能不断提高规划管理部门依法行政水平，促进城市规划的实施。

## 第三节 城市规划决策与城市政府行政

本节主要介绍城市规划宏观决策与城市政府行政的关系；城市政府领导者主要抓好城市规划宏观决策；政府领导人进行城市规划决策应具备的基本认识和观念等。

### 一、城市政府（领导者）主要抓好城市规划宏观决策

城市规划决策是分层次的，大量的属于事务性、协调性、技术性的中观和微观层次的决策，一般由城市政府的城市规划行政主管部门负责；而属于全局性、方向性、政策性的宏观层次的决策，则应由城市政府或政府领导者做出。强调城市领导在城市规划决策中的这种地位和作用，主要是基于：

（一）城市人民政府的职责所决定

城市规划是城市建设的"龙头"。在社会主义市场经济体制下，城市政

府是通过经济、社会发展计划和城市规划"两只手",调控经济、社会和环境的协调和可持续发展。城市规划体现了城市政府建设城市和管理城市的基本意图,制定和实施城市规划应该是城市政府的一项基本职能。因此,在党的十二届三中全会《关于经济体制改革的决定》中指出"城市政府的主要职能是搞好城市的规划、建设和管理。"随着政企分开、政府职能的转变,政府机构的改革,为城市政府管好城市规划的实施创造了有利条件。在市场经济条件下实施城市规划,城市政府必须采取法制规范和政策引导的手段,克服市场机制的缺陷和低效,使城市土地和空间等资源得到优化配置。同时,还要充分利用市场的调节作用,促进城市规划的实施。因此,城市政府必须组织制定城市规划,加强城市规划法制建设,制定实施城市规划的相关政策,组织协调相关政府部门之间协同管理等,这些工作都属于城市规划宏观决策的内容。

(二)城市规划宏观决策的特点所决定

从城市规划宏观决策的特性来看,城市规划宏观决策是对城市建设和发展中的重大问题和重大事项的决策,如制定发展目标和发展战略,确定城市总体规划编制中的主要原则和要点,审定重大土地开发和建设项目等。这些决策,关系到区域和城市发展的全局,具有很强的政策性,需要对区域和城市的现状及发展进行整体研究和考虑,需要综合协调各方面、各有关部门的关系,因而这样的决策,只能由处于较高领导层次、具有综合协调权威的城市政府做出。

(三)城市规划宏观决策的程序所决定

城市规划决策涉及到相关方面利益的调整,在社会主义市场经济条件下,这种利益的调整愈加复杂化。城市规划宏观决策,涉及的内容和方面非常广泛,是城市规划的制定与实施中的大事,不仅广大市民关心,更为代表群众利益的党的领导机关、市人大、市政府和市政协所关注,并按照我国政治体制的运行原则,各自负有相应的责任。城市规划宏观决策,在必要时还需要与市委、市人大、市政协沟通,要贯彻市委的决定,要征求市人大、市政协的意见,显然,这种决策只能由城市政府进行。

## 二、城市政府(领导者)在城市规划决策方面存在的主要问题

改革开放以来,随着我国城市建设的发展,各级城市政府十分重视和关心城市规划工作。在城市规划制定和实施方面做出了许多重要的决策,促进了城市建设和发展。同时,也应该看到,城市政府在城市规划决策方面,还存在着一些不容忽视的问题,主要有:

(一)抓宏观决策不够,抓微观决策过多

城市政府或政府领导人主要抓好城市规划的宏观决策,但在实际工作

中，有些政府领导人过多地陷入事务性工作，许多应该由城市规划行政主管部门决策的事也由政府领导人决策。往往由于了解情况不具体、不深入、不全面，致使做出决策，下面难以执行，反而误事。这样做的结果是，影响了行政部门的积极性，造成应该由行政部门负责的事也不敢负责；而政府领导人工作忙于事务，十分辛苦，管不过来，应该由政府管的事，没有管好，反而影响全局性的工作。

（二）规划意识和法制观念不强，决策随意性大

要保证政府决策的科学、正确。一是决策要有依据；二是决策要有一定程序，尤其是重大决策，要做好充分论证，要集体讨论；三是要做到依法决策，切忌依个人好恶决定取舍。但在实际工作中，有些政府领导人决策的随意性大，例如不按法定程序随意修改、变更已经批准的城市规划；违反城市规划任意决定建设项目的选址、建筑容积率等。又如决策"赶时髦"，看到别的城市搞大广场、大马路、大草坪和"欧陆风"，不顾本地实际情况，不听取专家和相关部门意见，盲目攀比。再如对于重大问题，不研究、不论证，个人盲目拍板定案等。

（三）追求短期效益，忽视城市的全局利益和长远发展

政府决策事关重大，应该慎之又慎，尤其是城市规划制定和实施中很多问题的决策，涉及到近期利益与长远利益，局部利益与全局利益，经济发展和历史文化遗产保护等重大关系，必须从城市发展的全局出发进行决策。在实际工作中，有些政府领导人片面追求短期效益，急于树形象，出政绩，往往忽视城市建设的大局和长远发展。例如，为了争取投资项目，在建设项目选址上一味听从和迁就开发商、投资商的意志，而置城市规划于不顾，甚至认为城市规划是"绊脚石"。又如在城市建设中，不研究如何保护和延续具有地方特点和历史文化价值的历史建筑、历史街区，以"城市现代化"为名，拆除和毁坏历史文化遗产来搞新的开发建设，造成无法挽回的损失等。

### 三、城市领导者正确进行城市规划决策应具备的基本素质

（一）城市领导者对城市规划决策的认识

1. 城市领导者对城市规划所作的决策，对城市的发展负有头等重要的责任

城市规划是城市政府为实现一定时期内，城市经济社会发展目标，确定城市性质、规模和发展方向，合理利用城市土地，协调城市空间布局和各项建设工程的综合部署和具体安排。城市规划是建设城市和管理城市的基本依据，是实现城市发展目标的重要手段。实践证明，要把城市建设好、管理好，首先必须把城市规划好。

在城市建设和发展中，城市规划处于十分重要的"龙头"地位。随着社

会主义市场经济制度的确立和完善，城市现代化的发展，城市规划的地位和作用越来越被人们所认识，特别是引起城市领导者的极大关注和重视。城市领导者正确进行城市规划决策，是事关整个城市发展的关键，而且城市领导者的决策都集中在城市长远发展和综合发展的战略性内容上。因此，城市规划决策的正确与否，往往对城市的当前和以后的发展起到举足轻重的作用，有的甚至影响到城市的命运。可以说，正确进行城市规划的决策，是城市领导者的首要任务，也是对城市发展负有头等重要的责任。

2．城市领导者对城市规划的决策应十分重视其特殊性和复杂性

城市领导者要正确地进行城市规划的决策，在基本认识上须明确城市规划决策不同于一般的领导决策。如城市的总体规划、分区规划以及系统规划等，绝不是城市领导者凭个人的经验、智慧和魄力，简单拍板所能实现的。现代城市规划是一个复杂的系统，它要决定城市的近期和中远期发展目标，具有很强的综合性和前瞻性。城市规划有其特有的要求和复杂的因素，需要专门研究和分析。城市规划的形成与审定，在形式上必须符合我国的行政领导体制与法定程序的规范；在内容上要遵循城市建设和发展规律，体现"三个代表"的要求，坚持以人为本和可持续发展的原则。

城市规划要立足现实，面向未来。为此，要组织各方力量，深入研究，经过民主和法制的程序，才能制定出可供城市领导审议的规划方案，城市领导要为确定最终方案和报批作出决策。城市领导者正确发挥好决策职能，在规划的形成过程中，还要注意几个决策要素，一要明确决策的目标、决策的条件、决策的方案；二要明确决策的层次和决策的类型，抓住城市规划的重点；三要确定决策的主体和为决策服务的智囊及各自职责；四是把握可靠准确的信息。所有这些都是城市领导者实行正确决策的基本要素。

3．已经法定程序批准的城市规划是城市领导者进行相关决策的基本依据

这既是依法行政的必然要求，也是决策科学性的保证，这是由城市规划的性质所决定的。城市规划根据国家有关城市发展政策，在对城市现状、发展条件和发展前景做充分分析和科学论证的基础上，以城市发展目标和发展战略为指导，结合城市规划的技术经济要求，将城市的各个组成要素及其发展在城市空间上进行综合平衡，从而形成了一个城市未来发展的基本纲领和行动步骤，为城市的建设发展以及城市各组成要素指出了行动的方向和基本方略。城市规划作为一种政策规划，在制定的过程中已经得到各方面的充分协调和认可，并得到权力机构的批准，因而具有了法律效力，因此就必须在城市的各个部门、在城市建设的各个时期都得到贯彻，任何个人、任何团体都不应当违反规划的基本规定。

从城市规划体系的角度讲，城市规划可划分为不同层次，包括了城镇体系规划、城市总体规划、详细规划等，这些不同层次的规划都是实现城市发展目标和战略的手段。各层次的规划之间是相互延续的，这种延续性是建立在目标—手段链的基础之上的。这就是说，上一层次的规划是下一层次规划的目标，下一层次规划是实现上一层次规划内容的手段，这样，各层次的规划就组成了从城市最宏观的战略性目标到最具体的、可直接操作的内容的体系。因此，就城市领导者的决策而言，应当充分认识到各层次规划的内在联系，各类决策应当符合相应层次的规划要求，保证城市整体的有序运行。

（二）城市领导者在城市规划决策中必须树立的观念

1. 必须确立依法行政的法制观念

健全社会主义法制是我国政治体制改革的方向。依法治国、建设法治国家已经列入我国宪法。依法建设城市和管理城市已成为城市政府行政的必然要求。依法行政，城市政府领导人首先要增强法制观念。法制是包括立法、执法、守法和提高全社会法制意识等内涵的综合概念。增强法制观念，就是要求城市政府领导人积极推动城市规划的法制建设，抓紧制定有关城市规划、建设和管理的法律规范，规范城市规划、建设和管理行为。城市政府领导人可以更换，而法律规范在没有修改之前则一直是有效的，这样才能保障城市建设的严肃性、稳定性和连续性，不以领导人的改变而改变。增强法制观念，就是要求城市政府领导人成为依法行政的表率。城市规划一经批准便具有法律效力，要求各级政府部门、各社会团体和单位要认真执行，城市政府领导人首先要带头执行，未经法定程序，不得随意修改、调整城市规划。同时，由于城市政府领导人处于城市管理系统的决策层面，应该依法决策，依法明确决策权限，制定决策程序，提高决策水平，把属于政府决策的事管好；同时又要发挥政府各管理部门的行政职能，上下协调一致，才能把城市规划好、建设好、管理好。

2. 必须确立面向未来的发展观念

城市规划的基本要求是要立足现实，面向未来，明确城市的发展目标和发展方向，体现前瞻性，树立牢固的发展观念，是城市领导者指导城市规划工作、进行城市规划决策的基本指导思想，没有发展就没有城市规划。研究和处理城市规划中的各种矛盾都和发展有关，具体来说，都有一个怎样正确把握城市的发展机遇和用好发展条件问题，在城市规划的实际工作中，往往因为不能正确把握发展问题，对近期利益和长远利益处理不当，有的甚至把眼前利益看做是实的，长远发展的利益看做是虚的，结果是只顾眼前，不顾长远的发展。作为城市领导者来说，必须站得高，看得远，作规划决策时，决不能迁就现状，妨碍未来的发展。城市领导者的工作任期是有法定限制的，而城市规划的决策内容对于城市的影响往往是长期的，如十年、二十年以至更长的时间。城市领导者作规划决策时，必须尊重城市建设的发展规律，从城市的整体的长远利益着眼，即使决策内容是本届政府暂时不能实现的，也应作为城市长远发展的客观需要，认真加以考虑，为城市的可持续发展创造条件。世界上有些成功的城市规划，经历了城市的几十年的发展，有的已有了上百年的发展历史，原先确定的城市规划仍然能发挥指导性作用。我们的社会主义国家的城市领导者，应该有更远大的眼光，城市规划决策不仅是为近期的发展，还要为更长远的发展做出富有远见的决策。

3. 必须确立系统综合的全局观念。在城市规划和建设中，充满着全局利益与局部利益的矛盾。而这些矛盾各方和各对矛盾之间又充满着相互依存和相互制约的利益关系。城市规划最犯忌的就是只顾局部而忽视全局，把局部利益置于全局和系统利益之上，以局部利益影响或牺牲全局利益，在以往的城市规划的制定和实施中这类事例是不少的。我们的城市领导者，在进行城市规划的决策时，必须牢固树立系统综合的全局观念。统筹兼顾，综合协调，克服和排除各种来自局部利益的影响和干扰，从城市的整体利益需要做出最佳的选择。

城市领导者的决策，应能经得城市发展的检验。例如，在旧城改造工作中，就经常遇到城市建设和历史文化遗产保护的矛盾，各地城市在发展的历史过程中遗存下来的众多历史建筑和历史街区，具有珍贵的历史文化价值，反映了鲜明的地方特色，是一笔属于全社会的历史文化财富，应该妥善加以保护，决不能因为个别建设项目的需要大拆大建，使历史文化遗产遭受"建设性"的破坏。否则，决策者就将有负于社会和后人。

4. 必须确立以人为本的群众观念

城市规划事关千百万群众的切身利益，城市规划必须以人为本，一切要为群众的利益着想。党的宗旨是全心全意为人民服务，城市规划及其决策也要把群众是否赞成，是否高兴，是否满意，作为衡量我们城市规划决策成功与否的标准。

群众的需要是一门大学问，其内含十分丰富，既有近期的，也有远期的，既有物质的，也有精神的，有静态的，也有动态的。具体包括群众基本的生理需要，如衣、食、住、行、医；安全需要，如人身安全、劳动安全、交通安全、保障安全；还有自我完善和享受的需要等。所有这些群众的需要都与城市规划的各种内容有着密切的关系，城市规划所确定和实施的各种具体目标，都是为群众的这些需要创造尽可能好的条件。因而，城市领导者应确立以人为本的群众观念，切切实实作好城市规划的决策。

## 第四节 提高城市规划决策水平

提高城市规划决策水平,即通常所说的决策的优化,是不断地从传统决策向现代化决策转变的过程。传统决策方式是人格化的,取决于决策者的才智和经验,个人感情的好恶以及谋臣们的进谏。传统决策存在着很大的局限性,往往造成一言可以兴邦,一言也可以废邦。而且,传统决策缺乏连续性,存在着人存政举、人亡政息的情况。随着近代社会、经济的发展,法制和现代组织体制的确立,使传统决策发生了根本的变化。决策的优化,就是要提高决策的科学性、合理性、可行性、连续性。而这一切仅靠人格化的决策是不能达到的,只能依靠现代化的科学决策。由于城市规划决策具有层次性,对于城市规划的宏观决策,主要是城市领导层面的职责。这里所谈的城市规划决策的优化,也主要是指城市领导层面决策的优化,即决策的科学化、民主化和法制化。决策的科学化是核心;决策的民主化是前提;决策的法制化是保障。

### 一、城市规划决策的科学化

科学决策是现代管理的精髓,决策科学化的实质是实事求是。要做到实事求是,首先决策者要具有科学态度,尊重科学、尊重规律;其次是明确决策科学性的标准;第三是要采取科学的方式进行决策,以保证决策的科学性。

(一)掌握城市发展的客观规律,尊重城市规划科学

城市作为人类社会存在的最基本的空间形式,作为经济、社会发展的载体,其形成和发展是由自然地理条件、生产力发展水平以及政治、经济、社会和科学技术等众多因素决定的,是有其客观规律的。从认识论的角度讲,无论是自然界还是人类社会,其发生发展的规律是可以认识的,城市规划科学也是如此。人们在城市发展过程中,逐步探索、总结城市建设和发展的客观规律,形成城市规划的思想。这一思想在城市规划建设的实践中不断积累、深化和升华,形成了现代城市规划科学。城市规划科学对于我们建设城市、管理城市以及城市的健康发展具有指导意义。城市规划的决策必须在城市规划科学的指导下,从现阶段本地区的经济发展水平出发,从当地自然地理和区位条件出发,从各方面现实的发展条件出发,合理地确定城市建设的速度、规模和水平,以及空间发展的模式,切忌主观随意性和盲目性。

(二)明确决策科学化的标准

衡量决策科学化的标准应包括:

1. 社会标准

决策是否有利于促进文化建设、环境建设、人口素质和整体生活质量的提高，有利于城市的可持续发展。

2．经济标准

决策是否有利于促进生产力发展，是否有利于经济、社会和环境的协调，是否能引导城市建设健康有序地发展。

3．国情标准

决策是否符合国情、省情、市情，反映城市发展的客观趋势又具有实际可操作性。

4．体制标准

决策是否适应社会主义市场经济体制的建立和完善。

5．技术标准

决策是否具备技术上的可行性。

（三）优化决策结构

科学决策有赖于决策结构的优化。传统决策的弊端较多，从结构上看，就是缺乏一套严格的决策组织体制和程序，缺乏完善的决策支持系统、咨询系统、评价系统、监督系统和反馈系统，而只能靠决策者的经验和能力，拍脑袋决断。决策的科学性无法保障，无从检验；决策的失误难以受到及时有效的监督。而现代决策十分注重决策结构的优化，从而保障决策的科学性、合理性。从管理决策的主体看，要进行科学的决策就需要一定的信息，一定的知识和经验，还要有最终"拍板"的领导。科学的决策结构应该包括信息系统、智囊系统和决策系统三大部分：

1．信息系统

是否及时获得准确可用的信息是正确决策的关键。信息系统的工作包括四个基本环节：获取信息、处理信息、储存信息和传输信息。信息系统也包括所有履行上述功能的人员体系和资料体系。

2．智囊系统

智囊系统是决策的组织保证。智囊系统不同于古代皇帝身边的谋臣谏官，具有很大的依附性，而应是由相对独立的、具有不同知识结构的人群组成的可以相互补充、启迪的知识信息综合体。智囊系统的组织结构大致有四种情况：一是各种专家直接到行政机构中工作。例如在城市规划行政主管部门设总规划师、总工程师，负责城市规划技术工作。随着注册规划师制度的推行，应逐步将取得注册规划师资格作为城市规划行政主管部门重要业务岗位的任职条件。二是城市政府聘请规划专家担任顾问。三是在城市政府下设城市规划专家咨询委员会。对于重大决策，先由专家咨询委员会提出咨询意见，提供政府决策的参考。提高决策的科学化水平。四是由专家组成的学术机构或有关部门、社会团体为政府决策提供咨询。

3. 决策系统

决策系统是决策的核心，即拥有规划管理决策权的领导集体或个人。如果说信息系统提供必要的信息，智囊系统提供必要的参谋，那么决策系统则是根据管理要求做出最终决断。针对规划工作业务量大面广、情况复杂的特点，规划决策一般采取两种方式：一是首长负责制，由城市政府首长决策；二是委员会负责制。根据某些国家和地区的经验，可由法律授权成立城市规划委员会作为决策机构。规划委员会由政府公务人员、专家、各界人士组成。决策机构与执行机构相分离，各自权限均由法律、法规确定。例如深圳市在这方面进行了积极的尝试。深圳市规划委员会由29名委员组成，成员包括市政府领导、有关部门公务人员、有关专家及社会人士，其中，公务人员不超过14名。市规划委员会设主任委员1名，由市长担任，设副主任委员2名。副主任委员和其他委员由市政府聘任，每届任期3年。市规划委员会可设若干专业委员会。市规划行政主管部门负责处理市规划委员会的日常事务。市规划委员会会议每季度至少召开一次，由主任或副主任召集。参加每次会议的人数不少于15名，其中非公务人员不得少于8名。市规划委员会会议作出的决议，必须获得参加会议人数的三分之二以上多数通过。

上述三个系统是相对独立的决策结构，有相对独立地进行工作的权利和地位。另一方面，这三者又是有机的统一体，规划管理决策的优化，主要取决于这三者良好的分工与合作。

（四）加强城市规划研究工作，为政府科学决策提供必要的技术储备

针对城市发展和规划建设中的一些突出问题，确定一些专题科研项目，组织有关、职能部门、社会团体、大专院校进行调查研究，研究成果供城市领导决策参考，也是保证规划决策科学性的一个有效措施。例如，上海市进入20世纪90年代以来，经济发展和城市建设突飞猛进，许多重大规划建设问题摆在政府和有关部门面前，急需决策。为此市政府有关部门每年都提出一批政府决策咨询课题，组织有关单位研究，提出建议，供市政府决策参考，取得了很好的效果。近几年，上海市城市规划管理局也根据城市规划实施的需要，确定了郊区城市化发展、城市交通、地下管网、旧区改造、历史文化名城保护、城市信息系统标准化、公共服务设施配置等20余项科研专题，分配到有关部门和高等院校进行调查和研究，取得了很好成果，有的已经在规划建设中应用，为市领导和城市规划等部门在进行决策时发挥了重要作用，从而加强了规划决策的科学性。

## 二、规划决策的民主化

我们党全心全意为人民服务的宗旨，决定了党的一切工作要从人民利益出发，走群众路线，遵循民主集中制的原则，实行"从群众中来到群众中去"的工作作风和工作方法。江泽民同志在党的十五大政治报告中指出"社会主义愈发展，民主也愈发展。"切实加强社会主义民主建设和法治建设，为我国的市场经济发展提供更好的政治环境，同时也为对外开放创造更加适宜的制度条件，这在新世纪我国日益融入国际社会的背景下就显得更为重要。因此，民主决策是政府行政应当遵循的一项基本原则。对于城市规划工作来讲，决策的民主化是十分必要的。

### （一）规划决策民主化的目的、意义

**1. 规划决策民主化是城市规划本质所决定的**

贯穿于城市规划全部理论、方法、方针、原则的核心理念，就是维护社会公众的利益。制定和实施城市规划的根本目的就是为了广大人民群众根本的、长远的利益。为切实保证城市规划符合社会公众的利益，在规划制定和实施过程中，应当创造条件，使人民群众的意志、愿望和要求得到充分的反映，并作为有关决策的基本依据。因而，规划决策民主化是城市规划工作的题中应有之义。

**2. 规划决策民主化将保证规划实施过程更加符合人民群众的需要**

城市的规划建设与市民的切身利益相关。随着经济社会的发展和科学技术的进步，各种不同人群对社会供应体系和保障体系的需求也越来越高。从满足于吃、穿、住、行的基本生活需求，逐步转向对城市环境和整体生活质量的关注。例如，住宅的日照、小区的绿化、设施配套乃至城市重大设施的建设，都成为市民关心的热点，要求参政、议政的意识也日益增强。虽然城市规划对城市建设做了全面考虑和统筹安排，但是城市规划是城市建设和发展的一种预案，难以尽善尽美，城市政府应当根据人民群众生产、生活需求的变化，以及发展中出现的新情况、新问题，通过一定的决策程序，对规划进行必要的调整，使之更加完善。

**3. 规划决策民主化是规划决策科学化的重要前提**

作为政府行为的科学决策，除了采用科学的方式、方法外，还需要群众智慧。这里所说的群众智慧包括市民群众和专家的智慧。广大市民对他们生活在其中的城市是最了解的、最有发言权的，是制订政策或解决城市建设中矛盾的重要信息反馈的源头，对科学决策的形成有着重要的作用。因此，从这个意义上说，决策的民主化是形成科学决策的重要前提。

### （二）推进公众参与制度

早在20世纪80年代初，英、美等国一些城市在制订地区再开发规划

时，已开始实行公众参与制度。政府在编制规划时，需就优化地区公共设施配置，地区再开发对经济发展，就业机会和社会环境的影响等问题，广泛征求当地居民的意见。加拿大多伦多、温哥华等城市还规定，城市规划在政府或议会审批前先要通过居民自治组织讨论。这样做是为了确保规划的实施能使当地居民获得好处而不至于带来社会问题。我国从20世纪80年代开始，不少城市在总体规划编制过程中采用展示会形式征求社会各界和市民意见，1999年上海市人民政府以政府规章的形式发布了《上海市详细规划编制与审批办法》，明确规定在详细规划编制和审批两个阶段都要有公众参与，并作为规划编制和审批的必要程序。没有经过这样的程序，审批机关不予审理。其目的是使当地居民更加关心地区的发展，也使规划的实施具备群众基础。

公众参与制度虽然对于决策民主化，对于城市政府实施有效的行政管理具有十分重要的作用。但是，在实践中需要创造一定的环境条件，如法制的完善、公众素质的提高等。目前，大致有以下几种做法：

1. 公开展示

将城市规划和重大建设方案通过媒体或公共展览场所、设施向公众展示，听取市民意见。

2. 人大审议

对城市建设的重要政策、重要的城市规划、土地开发和建设方案等，提请同级人大组织审议后再行决策。

3. 政务公开

将政府部门的办事制度、工作程序、审批时限、投诉渠道等向社会公开，接受社会公众的监督。

（三）分层次决策，发挥职能部门的作用

城市政府各级管理部门，作为行政主体都被赋予一定的管理职责和管理权限。城市管理是一项系统性的管理。各级管理部门在管理工作中都负有相关决策的责任。涉及规划决策的内容是十分广泛的，对于宏观层次的内容，要由城市政府按法定程序做出决策。对于中观和微观层次的内容，应该按照责、权、利相一致的原则，充分发挥规划管理职能部门的作用，即使是涉及需要政府决策的有关城市规划建设的重大问题，也应首先由政府职能部门提出决策建议。

### 三、规划决策的法制化

规划决策的法制化就是依法决策。它是城市政府依法行政的重要内容。实现依法行政就是将包括规划决策在内的政府行政行为，纳入法制规范的轨道。决策，是政府行政行为中最普遍、最重要的行政行为。规划决策的正确与否，涉及到行政行为的成效，关系到人民的切身利益和城市发展的整体的、长远的利益。因此，依法规范政府决策行为，具有十分重要的意义。

决策的法制化，首先是决策者应加强法制观念，不能搞以权代法，权大于法；同时还应将决策科学化、民主化的若干行之有效的制度纳入法制的轨道。并应在以下两个方面加以完善和提高：

（一）决策必须符合法律确定的原则和具体规定

法律是规范全社会行为的，老百姓不能违反，执法者更不能违反。规划决策，尤其应该遵守《城市规划法》所确定的原则和具体现定。这些原则和具体规定是城市建设长期经验的总结，符合城市建设和发展的规律，符合人民群众根本的、整体的利益。城市规划依法决策，首先应该依照这些原则和具体规定决策，不能违反。否则，谈不上依法行政、依法决策。

（二）政府规划决策必须建立有效的监督制约机制

政府规划决策，决策者应对决策后果负责，决策失误造成严重后果的，决策者负有法律责任。为保证决策的科学、正确，政府规划决策应当接受人大、上级政府和社会公众的监督。例如涉及全局性的重大决策应向人大报告，向上级政府报告，必要的要经请示后再作决策；政府在进行规划决策时实行公示制度；对于涉及社会公众利益的决策，听取社会公众意见等。

# 参 考 文 献

1. 联合国人居中心编著．城市化的世界．北京：中国建筑工业出版社，1998.8
2. 周光召主编．中国可持续发展的战略．北京：西苑出版社，2000.5
3. 中共中央、国务院关于做好2000年农业和农村工作的意见．2000.1.16
4. 切实加强城乡规划工作，推进现代化建设健康发展．（温家宝副总理在全国城乡规划工作会议上的讲话），1999.12.27
5. 国务院关于加强城市规划工作的通知．国发［1996］18号
6. 国务院办公厅关于加强和改进城乡工作的通知．国办发［2000］25号
7. 中共中央、国务院关于促进小城镇健康发展的若干意见．中发［2000］11号
8. 重庆建工学院、同济大学合编．区域规划概论．1984.12
9. 社会学教程．北京：北京大学出版社，1987
10. 王景慧，阮仪三等．历史文化名城保护理论规划．上海：同济大学出版社，1999.8.5
11. 周一星．城市地理学．北京：商务印书馆，1995.7
12. 崔功豪主编．中国城镇发展研究．北京：中国建筑工业出版社，1992年4月
13. 全国城市规划执业制度管理委员会．城市规划原理．北京：中国建筑工业出版社，2000年6月
14. 全国城市规划执业制度管理委员会．城市规划相关知识．北京：中国建筑工业出版社，2000年6月
15. 雅典宪章、马丘比丘宪章．建筑师，1980.4期
16. 伊利尔·沙里宁著，顾启源译．城市：它的发展衰败与未来．北京：建筑工业出版社，1986年
17. 豪尔（P.Hall）世界城市
18. 宋永昌．城市生态学．上海：华东师范大学出版社，2000年
19. 窦贻俭等．环境科学原．南京：南京大学出版社，1998年
20. 曹洪涛，储传亨等．当代中国的城市建设．北京：中国社会科学出版社，1990年
21. 于光远．经济、社会发展战略．北京：中国社会科学出版，1984年

# 后　　记

全国市长培训中心教材《城市规划决策概论》是根据建设部党组的决定，由建设部城乡规划司组织编写的。城乡规划司为此组成了编写工作小组，唐凯同志任组长，邹时萌、陈锋同志任副组长，成员包括耿毓修、陈秉钊、阳作军、马哲军等同志。实际编写工作由上海城市规划管理局、同济大学分别承担，耿毓修、陈秉钊同志担负了编写的直接组织工作和主要执笔。上海市城市规划局陈政千、何善权、黄均德、张绍樑、赵天佐、陈友华、胡建东、王治平，同济大学唐子来、彭震伟、吴志强、赵民、孙施文、沈清基、李京生、周俭、戴慎之、吴人伟参加了编写工作。

2000 年 2 月建设部领导就教材编写工作进行部署后，经有关专家和同志研究形成了教材编写提纲。6 月 30 日赵宝江副部长主持召开部城乡规划顾问委员会部分成员和专家会议，审议并原则通过了提纲。编写工作自 7 月开始，11 月提出初稿，根据专家评议意见进行修改后，于 2001 年 2 月形成修改稿。第一、二章由陈秉钊统稿，第三、四章由耿毓修统稿。赵士修、文国玮、任致远、李兵弟、吕斌、毛其智等有关专家对修改稿提出了具体意见，编写单位根据专家意见对修改稿进行了修改，4 月初完成送审稿。邹时萌、陈锋、张勤、王胜军、马哲军等同志对送审稿做了进一步修改；马哲军同志承担了文字汇总、整理和编排工作；邹时萌同志对全部书稿进行了最后的审核，于 4 月中旬定稿。

《城市规划决策概论》是城市规划行业集体智慧的结晶。参与教材各章节编写的有关人员名单附后。规划图由中国城市规划设计研究院提供。谨向所有为教材编写做出贡献的人员致以诚挚的谢意。

建设部城乡规划司  
2003 年 4 月

# 本书编写人员名单

**第一章　城市发展与城市规划**
第一节　城市的形成与发展 　　　　　　　　　　　　　　　　　唐子来
第二节　城镇化与城市现代化
　　一、城镇化的一般原理 　　　　　　　　　　　　　　　　　彭震伟
　　二、我国城镇化发展进程 　　　　　　　　　　　　　　　　陈秉钊
　　三、正确认识城市现代化 　　　　　　　　　　　　　　　　吴志强
第三节　城市规划在城市发展中的地位与作用 　　　　　　　　　赵　民

**第二章　现代城市规划的理论与实践**
第一节　现代城市规划科学的产生和发展历史 　　　　　　　　　孙施文
第二节　现代城市规划理论的基本框架 　　　　　　　　　　　　孙施文
第三节　现代城市规划的基本内容
　　一、城市发展战略 　　　　　　　　　　　　　　　　　　　陈秉钊
　　二、城市性质和城市规模 　　　　　　　　　　　　　　　　陈秉钊
　　三、城市布局和道路系统 　　　　　　　　　　　　　　　　陈秉钊
　　四、城市环境保护和建设 　　　　　　　　　　　　　　　　沈清基
　　五、合理利用城市土地和空间资源 　　　　　　　　　　　　唐子来
　　六、社区发展 　　　　　　　　　　　　　　　　　　　　　李京生
　　七、城市更新和城市历史文化遗产的保护 　　　　　　　　　周　俭
　　八、基础设施建设和城市功能完善 　　　　　　　　　　　　戴慎之
　　九、城市特色与形象的塑造 　　　　　　　　　　　　　　　吴人韦
第四节　我国城市规划事业的发展 　　　　　　　　　　　　　　赵　民

**第三章　城市规划的制定与实施**
第一节　制定和实施城市规划的基本原则 　　　　　　　　　　　黄均德
第二节　城市规划的制定 　　　　　　　　　　　　　　何善权　陈友华
第三节　城市规划的实施 　　　　　　　　　　　　　　耿毓修　赵天佐
第四节　城市规划实施管理 　　　　　　　　　　　　　　　　　耿毓修
第五节　城市规划法制化 　　　　　　　　　　　　　　　　　　黄均德

**第四章　城市规划的决策**
第一节　城市规划决策概述　　　　　　　　　　　　　孙施文
第二节　城市规划宏观决策的主要内容　　　　　　　　孙施文
第三节　城市规划决策与城市政府行政　　　　　耿毓修　陈政千
第四节　提高城市规划决策水平　　　　　耿毓修　赵天佐　王治平

# 附 图

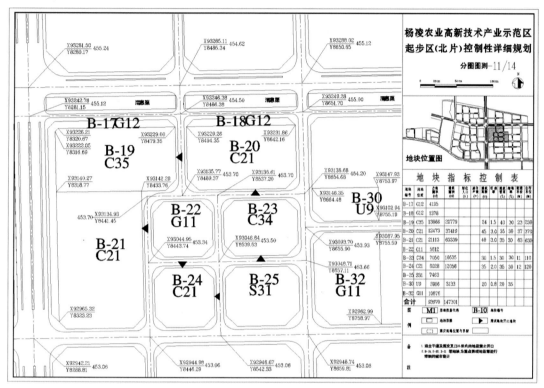

附图一 控制性详细规划

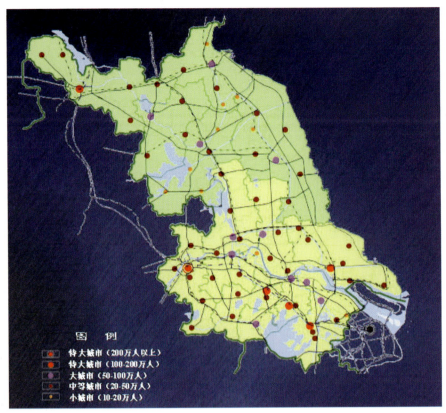

附图二 江苏省城镇体系规划－等级规模

附图三 江苏省城镇体系规划－空间组织

附图四 海南省三亚市城市总体规划

附图五　江汉大学新校修建性详细规划